印刷工業出版分社
Adobe® 创意大学指定教材

"十三五"数字艺术设计规划教材

# Adobe® 创意大学 After Effects 影视特效师标准实训教材（CS6 修订版）

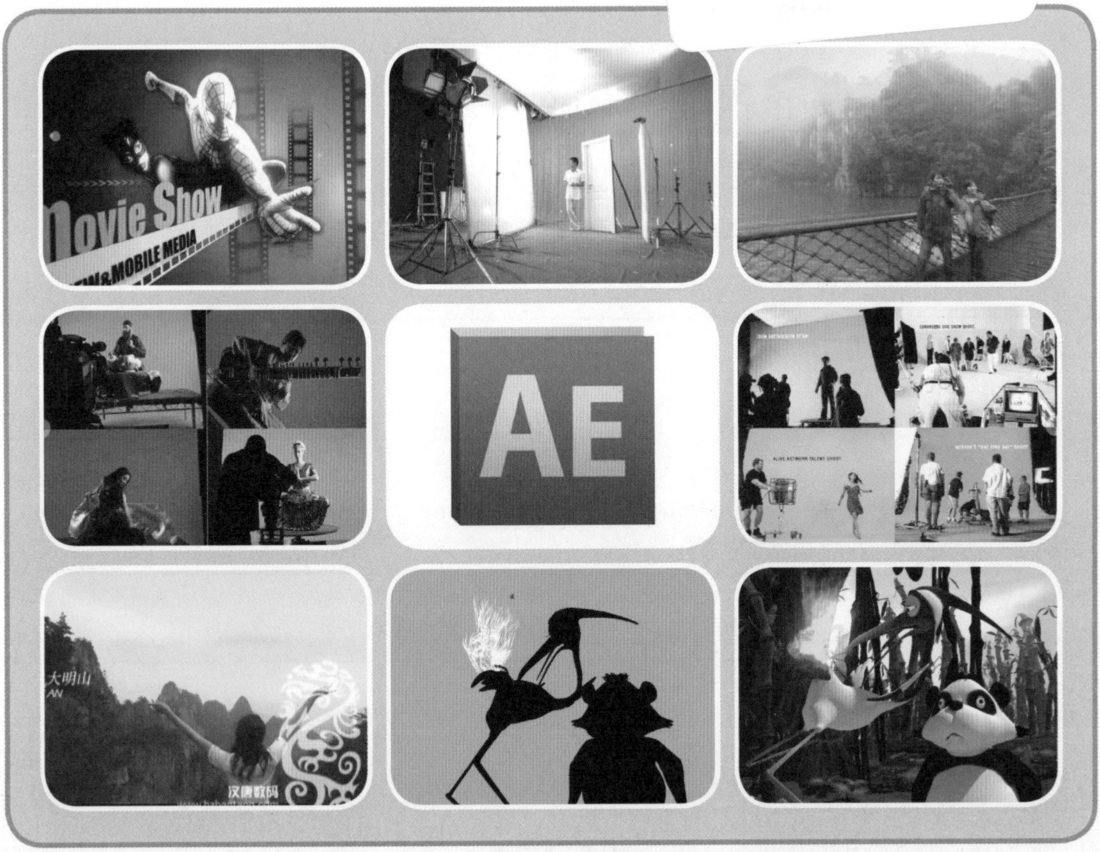

◎ 何清超 纪春光 何微威 编著

# 内容提要

本书以高级栏目包装和影片后期合成为基础，介绍真实商业项目的关键环节。本书共分为10个模块，模块1介绍制作的基础知识，后几个模块分别介绍了皮影戏宣传片、在一起微电影、新动影擎栏目片头、舟山群岛宣传片、金迪门广告片、杭州临安宣传片、《小龙阿布》动画片以及风云浙商综合练习等案例的制作过程和方法。每一个模块都是一个实际工程项目，从前期策划到后期制作，详细介绍实际案例“从无到有”的过程，结构分为模拟制作任务、知识点拓展和独立实践任务3部分，内容独特丰富，理论与实例相结合，全面介绍项目制作的工作流程，并融入了作者丰富的视频制作经验与技巧。

本书结构清晰，讲解由浅入深，循序渐进，细节描述得清晰细致。同时，本书附带一张DVD光盘，内容包含所有实例的素材文件、工程文件和最终效果文件（含图片和视频），方便读者学习使用。

本书可作为应用型本科、高职高专院校数字艺术、影视编辑、多媒体等相关专业After Effects课程的教材，也可供想从事影视编辑的人员自学使用，还可作为培训班的培训教材。

**图书在版编目（CIP）数据**

Adobe创意大学After Effects影视特效师标准实训教材（CS6修订版）/何清超，纪春光，何微威编著.-北京:文化发展出版社有限公司，2017.1

ISBN 978-7-5142-1128-3

I.A… II.①何…②纪…③何… III.视频编辑软件－高等学校－教材 IV.TP391.41

中国版本图书馆CIP数据核字(2016)第279901号

**Adobe创意大学After Effects影视特效师标准实训教材（CS6修订版）**

编　　著：何清超　纪春光　何微威

---

总 策 划：易锋教育

责任编辑：张宇华

执行编辑：王　丹　　　　责任校对：岳智勇

责任印制：孙晶莹　　　　责任设计：侯　铮

出版发行：文化发展出版社（北京市翠微路2号 邮编：100036）

网　　址：www.wenhuafazhan.com

经　　销：各地新华书店

印　　刷：北京印匠彩色印刷有限公司

---

开　　本：787mm×1092mm　1/16

字　　数：316千字

印　　张：12

印　　数：1～3000

印　　次：2017年1月第1版　　2017年1月第1次印刷

定　　价：52.00元（含1DVD）

I S B N：978-7-5142-1128-3

---

◆ 如发现印装质量问题请与我社发行部联系　发行部电话：010-88275710

# 丛书编委会



# 本书编委会

总策划：易锋教育

编　著：何清超　纪春光　何微威

审　稿：张　鑫

# 序一

Adobe 是全球最大、最多元化的软件公司之一，以其卓越的品质享誉世界，旗下拥有众多深受广大客户信赖和认可的软件品牌。Adobe 彻底改变了世人展示创意、处理信息的方式。从印刷品、视频和电影中的丰富图像到各种媒体的动态数字内容，Adobe 解决方案的影响力在创意产业中是毋庸置疑的。任何创作、观看以及与这些信息进行交互的人，对这一点更是有切身体会。

中国创意产业已经成为一个重要的支柱产业，将在中国经济结构的升级过程中发挥非常重要的作用。2009 年，中国创意产业的总产值占国民生产总值的 3%，但在欧洲国家这个比例已经占到 10% ～ 15%，这说明在中国创意产业还有着巨大的市场机会，同时，这个行业也将需要大量的与市场需求所匹配的高素质人才。

从目前的诸多报道中可以看到，许多拥有丰富传统知识的毕业生，一出校门很难找到理想的工作，这是因为他们的知识与技能达不到市场的期望和行业的要求。出现这种情况的主要原因很大程度上在于教育行业缺乏与产业需求匹配的专业课程以及能教授学生专业技能的教师。这些技能是至关重要的，尤其是中国正处在计划将自己的经济模式与国际角色从“Made in China/ 中国制造”提升为具备更多附加值的“Designed & Made in China/ 中国设计与制造”的过程中。

Adobe® 创意大学（Adobe® Creative University）计划是 Adobe 公司联合行业专家、行业协会、教育专家、一线教师、Adobe 技术专家，面向国内动漫、平面设计、出版印刷、eLearning、网站制作、影视后期、RIA 开发及其相关行业，针对专业院校、培训机构和创意产业园区创意类人才的培养，以及中小学、网络学院、师范类院校师资力量的建设，基于 Adobe 核心技术，为中国创意产业生态全面升级和教育行业师资水平和技术水平的全面强化而联合打造的全新教育计划。

Adobe® 创意大学计划旨在与国内专业院校、培训机构、创意产业园区以及国家教育主管部门联合，为中国创意行业和教育行业培养更多专业型、实用型、技术型的高端人才，并帮助学生和从业人员快速完成职业和专业能力塑造，迅速提高岗位技能和职业水平，强化个人的市场竞争力，高质、高效地步入工作岗位。

为贯彻 Adobe® 创意大学的教育理念，Adobe 公司联合多方面、多行业的人才组成教育专家组负责新模式教材的开发工作，把最新 Adobe 技术、企业岗位技能需求、院校教学特点、教材编写特点有机结合，以保证课程技能传递职业岗位必备的核心技术与专业需求，又便于实现院校教师易教、学生易学的双重要求。

我们相信 Adobe® 创意大学计划必将为中国的创意产业的发展以及相关专业院校的教学改革提供良好的支持。

Adobe 将与中国一起发展与进步！

Adobe 大中华区董事总经理　黄耀辉

Adobe

# 序二

近年来，随着计算机软硬件技术的发展，数字艺术这种新兴的艺术形式得以飞速发展，其应用领域包括平面、视频、动画、设计等。在很多电影电视作品中，数字艺术已经取代了传统的拍摄方法。电影与其他媒介中的数字艺术效果变得“超级”逼真，甚至无法看出它和真实场景的差别，其在视觉表现上完全与真实拍摄出来的画面如出一辙。

2006年的夏季，禁不住天堂梦想的诱惑，凭着对CG行业敏锐的触角，我们开始在钱塘江试水，这就诞生了由中南卡通、杭州文广集团和中国传媒大学合资成立的杭州汉唐影视动漫有限公司。汉唐整合了三方资源的优势，凭借强大的3D动漫、学术和文化产业平台，成为国内首家集产、学、研、媒体四位一体的3D影视及动漫产业旗舰。

我们秉承“笃心无界、行者无疆”的信念，本着“立足杭州、服务全国”的战略目标，一直在努力。目前已为杭州市政府、钱江新城管委会、杭州旅委、临安旅委、杭州高新区（滨江）、广东佛山、华数、新动传播、杭州国际动漫节组委会、阿里巴巴、中南卡通等国内数十家政府机构和知名企业提供了良好的视频解决方案。我们制作的影视作品有《大杭州旅游广告片》、《中南集团宣传片》、《第八届残疾人运动会宣传片》、《舟山旅游宣传片及广告片》、大型公益立体电影《品质杭州》宣传片、《第八届城市运动会宣传片》、《钱江新城十周年宣传片》等，动画作品包括《小龙阿布》、《乐比悠悠》、《中国熊猫》、《极速之星》、《恒生电子吉祥物》，还有《新水浒传预告片》、《宫心计》预告片、《阿六头》三维栏目包装等。其中，《小龙阿布》是中国首部全高清的三维动画片，曾在央视一套热播。

数字艺术的发展引领着影视动漫产业的蓬勃发展，然而目前制约影视动漫产业发展的最大问题在于人才的匮乏。解决这个问题主要依靠教育和培训，而培养出优秀的人才则需将教育与实践紧密地结合起来。杭州汉唐影视动漫有限公司下辖教学培训中心，负责开展对外教学培训工作，学员在学习的同时直接参与实际项目的制作，强化学历教育与技能培训的沟通与接轨，实现“学业”与“职业”的有效整合。

易锋教育联合厂商与行业技术专家共同策划了“标准实训教材”和“技能基础教材”的新模式教材体系开发项目。我们有幸参与了该项目，负责编写动画与视频系列图书，目的是分享我们在多年动画与影视后期制作中积累的经验和技巧，以及在教学培训时积累的教育经验，将最新的合成技术与编辑流程呈现在读者面前。同时，我们希望更多的影视动画爱好者了解并深入到CG行业中，使国内影视动漫产业能够加速发展。

杭州汉唐影视动漫有限公司总经理<br>中国传媒大学研究生导师<br>何清超

# 前言

Adobe 于 2010 年 8 月正式推出的全新“Adobe® 创意大学”计划引起了教育行业强烈关注。“Adobe® 创意大学”计划集结了强大的教学、师资和培训力量，由活跃在行业内的行业专家、教育专家、一线教师、Adobe 技术专家以及行业协会共同制作并隆重推出了“Adobe® 创意大学”计划的全部教学内容及其人才培养计划。

## Adobe® 创意大学计划概述

Adobe® 创意大学（Adobe® Creative University）计划是 Adobe 公司联合行业专家、行业协会、教育专家、一线教师、Adobe 技术专家，面向国内动漫、平面设计、出版印刷、eLearning、网站制作、影视后期、RIA 开发及其相关行业，针对专业院校、培训机构和创意产业园区创意类人才的培养，以及中小学、网络学院、师范类院校师资力量的建设，基于 Adobe 核心技术，为中国创意产业生态全面升级和教育行业师资水平和技术水平的全面强化而联合打造的全新教育计划。

Adobe® 创意大学计划旨在与国内专业院校、培训机构、创意产业园区以及国家教育主管部门联合，为中国创意行业和教育行业培养更多专业型、实用型、技术型的高端人才，并帮助学生和从业人员快速完成职业和专业能力塑造，迅速提高岗位技能和职业水平，强化个人的市场竞争力，高质、高效地步入工作岗位。

专业院校、培训机构、创意产业园区人才培养平台均可加入 Adobe® 创意大学计划，并获得 Adobe 的最新技术支持和人才培养方案，通过对相关专业技术和专业知识、行业技能的严格考核，完成创意人才、教育人才和开发人才的培养。

## 加入“Adobe® 创意大学”的理由

Adobe 将通过区域合作伙伴和行业合作伙伴对 Adobe® 创意大学合作机构提供持续不断的技术、课程、市场活动服务。

“Adobe 创意大学”的合作机构将获得以下权益。

**1．荣誉及宣传**

（1）获得“Adobe 创意大学”的正式授权，机构名称将刊登在 Adobe 教育网站 (www.adobecu.com) 上，Adobe 进行统一宣传，提高授权机构的知名度。

（2）获得“Adobe 创意大学”授权牌。

（3）可以在宣传中使用“Adobe 创意大学”授权机构的称号。

（4）免费获得 Adobe 最新的宣传资料支持。

**2．技术支持**

（1）第一时间获得 Adobe 最新的教育产品信息、技术支持。

（2）可优惠采购相关教育软件。

（3）有机会参加“Adobe 技术讲座”和“Adobe 技术研讨会”。

（4）有机会参加 Adobe 新版产品发布前的预先体验计划。

**3．教学支持**

（1）获得相关专业课程的全套教学方案（课程体系、指定教材、教学资源）。

（2）获得深入的师资培训，包括专业技术培训、来自一线的实践经验分享、全新的实训教学模式分享。

**4．市场支持**

（1）优先组织学生参加 Adobe 创意大赛，获奖学生和合作机构将会被 Adobe 教育网站重点宣传，并享有优先人才推荐服务。

（2）有资格参加评选和被评选为 Adobe 创意大学优秀合作机构。

（3）教师有资格参加 Adobe 优秀教师评选；特别优秀的教师有机会成为 Adobe 教育专家委员会成员。

（4）作为 Adobe 创意大学计划考试认证中心，可以组织学生参加 Adobe 创意大学计划的认证考试。考试合格的学生获得相应的 Adobe 认证证书。

（5） 参加 Adobe 认证教师培训，持续提高师资力量，考试合格的教师将获得 Adobe 颁发的“Adobe 认证教师”证书。

## Adobe® 创意大学计划认证体系和认证证书

（1）Adobe 产品技术认证：基于 Adobe 核心技术，并涵盖各个创意设计领域，为各行业培养专业技术人才而定制。

（2）Adobe 动漫技能认证：联合国内知名动漫企业，基于动漫行业的需求，为培养动漫创作和技术人才而定制。

（3）Adobe 平面视觉设计师认证：基于 Adobe 软件技术的综合运用，满足平面设计和包装印刷等行业的岗位需求，为培养了解平面设计、印刷典型流程与关键要求的人才而定制。

（4）Adobe eLearning 技术认证：针对教育和培训行业制定的数字化学习和远程教育技术的认证方案，以培养具有专业数字化教学资源制作能力、教学设计能力的教师 / 讲师等为主要目的，构建基于 Adobe 软件技术教育应用能力的考核体系。

（5）Adobe RIA 开发技术认证：通过 Adobe Flash 平台的主要开发工具实现基本的 RIA 项目开发，为培养 RIA 开发人才而全力打造的专业教育解决方案。

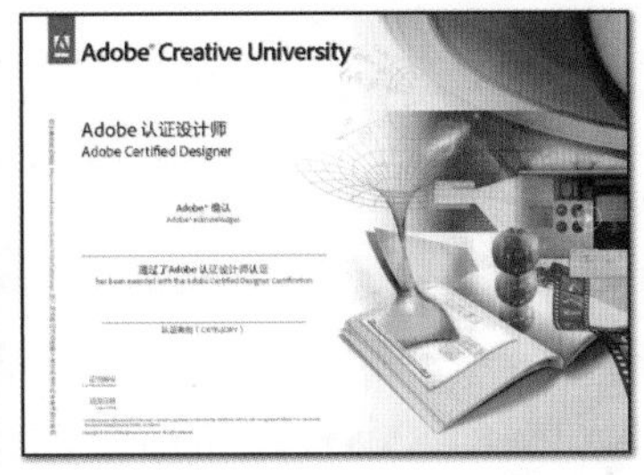

## Adobe® 创意大学指定教材

—《Adobe 创意大学 Photoshop CS5 产品专家认证标准教材》
—《Adobe 创意大学 Photoshop 产品专家认证标准教材（CS6 修订版）》
—《Adobe 创意大学 InDesign CS5 产品专家认证标准教材》
—《Adobe 创意大学 InDesign 产品专家认证标准教材（CS6 修订版）》
—《Adobe 创意大学 Illustrator CS5 产品专家认证标准教材》
—《Adobe 创意大学 Illustrator 产品专家认证标准教材（CS6 修订版）》
—《Adobe 创意大学 After Effects CS5 产品专家认证标准教材》
—《Adobe 创意大学 After Effects 产品专家认证标准教材（CS6 修订版）》
—《Adobe 创意大学 Premiere Pro CS5 产品专家认证标准教材》
—《Adobe 创意大学 Premiere Pro 产品专家认证标准教材（CS6 修订版）》
—《Adobe 创意大学 Flash CS5 产品专家认证标准教材》
—《Adobe 创意大学 Dreamweaver CS5 产品专家认证标准教材》
—《Adobe 创意大学 Fireworks CS5 产品专家认证标准教材》
—《Adobe 创意大学 Photoshop CS5 图像设计师标准实训教材》
—《Adobe 创意大学 Photoshop 图像设计师标准实训教材（CS6 修订版）》
—《Adobe 创意大学 InDesign CS5 版式设计师标准实训教材》
—《Adobe 创意大学 InDesign 版式设计师标准实训教材（CS6 修订版）》
—《Adobe 创意大学 After Effects CS5 影视特效师标准实训教材》
—《Adobe 创意大学 After Effects 影视特效师标准实训教材（CS6 修订版）》
—《Adobe 创意大学 Premiere Pro CS5 影视剪辑师标准实训教材》

—《Adobe 创意大学 Premiere Pro 影视剪辑师标准实训教材（CS6 修订版）》

—《Adobe 创意大学视频编辑师 After Effects CS5+Premiere Pro CS5 标准实训教材》

—《Adobe 创意大学视频编辑师 After Effects+Premiere Pro 标准实训教材（CS6 修订版）》

—《Adobe 创意大学动漫设计师 Flash CS5+Photoshop CS5 标准实训教材》

“Adobe® 创意大学”计划所做出的贡献，将提升创意人才在市场上驰骋的能力，推动中国创意产业生态全面升级和教育行业师资水平和技术水平的全面强化。

项目及教材服务邮箱：yifengedu@126.com。

教材服务 QQ：3365189957。

编著者

2016 年 10 月

# 目录



## 模块01 After Effects CS6制作基础

知识储备…………………………2

知识点一 电视制作行业的规范视频格式 ………… 2

知识点二 影视后期制作工作流程 …… 4

知识点三 After Effects CS6软件初始化设置 ………… 9

课后作业…………………………12

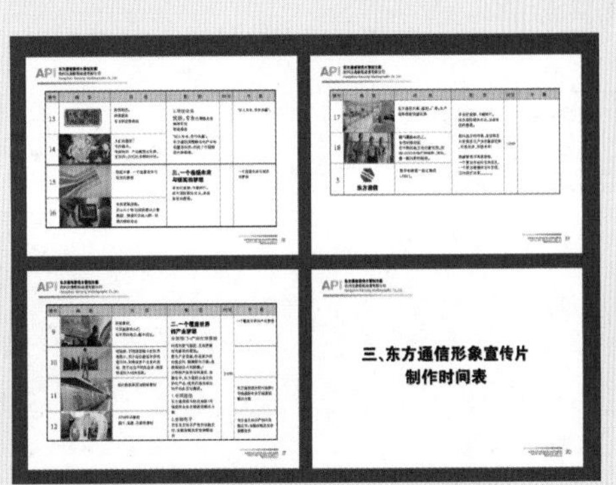


## 模块02 中国国际动漫节宣传片——皮影戏

模拟制作任务（3课时） ………… 15

任务一 制作皮影戏镜头 ………… 15

知识点拓展…………………………25

01 “导入PSD素材”的形态 | 02 保存项目工程文件 | 03 设置父子层 | 04 Transform参数介绍 | 05 调整时间线光标 | 06 关键帧 | 07 预览动画效果 | 08 合并为新的项目工程文件

独立实践任务（3课时） ………… 30

任务二 完成小鬼D镜头的动画设置 ………… 30

课后作业…………………………32

## 模块03 天都城微电影——在一起

模拟制作任务（3课时） …………… 35

任务一 对外景天空进行置换 ………… 35

知识点拓展……………………………… 43

01 【3D Camera Tracker】工具介绍

02 跟踪信息的用法

独立实践任务（3课时） …………… 46

任务二 对航拍镜头天空进行置换 …… 46

课后作业……………………………… 48

## 模块04 栏目片头制作——新动影擎（上）

模拟制作任务（3课时） …………… 51

任务一 片头制作（上） ………………… 51

知识点拓展……………………………… 62

01 透明通道 | 02 时间线编辑区内素材剪辑操作 | 03 【Rectangle Tool】工具 | 04 【Light】灯光层

独立实践任务（3课时） …………… 67

任务二 制作学校宣传小片头 ………… 67

课后作业……………………………… 68

## 模块05 栏目片头制作——新动影擎（下）

模拟制作任务（3课时） …………… 71

任务一 片头制作（下） ………………… 71

知识点拓展……………………………… 82

01 【Camera Settings】对话框 | 02 【Horizontal Type Tool】文字编辑工具 | 03 绘制路径 | 04 【Glow】特效 | 05 【Hue/Saturation】特效

独立实践任务（3课时） ··············· 87

任务二　制作新闻栏目小片头 ··········· 87

课后作业······························· 88

## 模块06 片尾特效制作——舟山群岛宣传片

模拟制作任务（3课时） ··············· 91

任务一　制作三维粒子特效 ·············· 91

知识点拓展···························· 104

01　【Fractal Noise】的参数 |
02　【Levels】特效 | 03　绘制遮罩的方法 |
04　Mask的使用技巧

独立实践任务（3课时） ············ 108

任务二　制作华铁logo破碎效果 ······ 108

课后作业······························110

## 模块07 商业广告片——金迪门广告

模拟制作任务（3课时） ··············113

任务一　蓝屏抠像之《金迪门广告》··· 113

知识点拓展····························117

01　蓝屏抠像原理介绍 | 02　抠像背景的选择 | 03　抠像前期拍摄的准备工作及注意事项

独立实践任务（3课时） ············ 121

任务二　蓝屏抠像之《西湖四季》··· 121

课后作业····························· 122

## 模块08 城市形象宣传片——杭州临安

模拟制作任务（3课时） ············ 125

任务一　“箭门关”镜头的色彩调整 ······················ 125

知识点拓展………………………… 134

01　色彩调整的基本步骤 | 02　添加Mask的类型和Mask的基本操作参数 | 03　【Multiply】乘法叠加模式 | 04　【Photo Filter】参数介绍

独立实践任务（3课时）………… 140

任务二　树叶色彩调整 ……………… 140

课后作业………………………… 142

## 模块09　动画片特效制作——《小龙阿布》火焰效果

模拟制作任务（3课时）………… 145

任务一　火焰制作 ……………………… 145

知识点拓展………………………… 151

01　粒子系统基本原理和组成 | 02　理解三色原理

独立实践任务（3课时）………… 153

任务二　篝火制作 ……………………… 153

课后作业………………………… 154

## 模块10　LED屏幕合成综合练习——风云浙商

模拟制作任务（3课时）………… 157

任务一　实景合成屏幕之《风云浙商》宣传片………… 157

知识点拓展………………………… 173

01　【Pen Tool】工具的使用技巧 | 02　双窗口操作介绍 | 03　嵌套层的概念与应用

独立实践任务（3课时）………… 176

任务二　公交电视屏幕合成练习 …… 176

课后作业………………………… 178

# 模块01

## After Effects CS6制作基础

**能力目标**

掌握After Effects CS6制作的基本概念以及制作的基本流程

**专业知识目标**

1. 熟悉行业规范视频格式要求，掌握PAL制式以及高清等相关概念
2. 了解和掌握商业影视片制作流程

**软件知识目标**

掌握After Effects CS6软件初始化基本设置

**课时安排**

4课时（讲课4课时）

# 知识储备

## 知识点一　电视制作行业的规范视频格式

市场上流行的后期制作软件很多，例如After Effects、Vegas、Combustion、VideoStudio、Premiere、EDIUS、DFsion、Shake、Avid Xpress等，令人应接不暇。同时，影视技术更新也很快，如何选用合适的软件确实让人头痛。要想选到合适的软件首先应当了解相关知识，后期制作分为视频合成和非线性编辑两部分，两者缺一不可。视频合成用于对众多不同元素进行艺术性组合和加工，实现特效、剪辑和片头动画，非线性编辑可以实现对数字化的媒体随机访问、不按时间顺序记录或重放编辑。After Effects擅长视频合成，支持从4×4到30000×30000像素分辨率，可以精确定位到一个像素的千分之六，特效控制等功能非常强大。而Premiere在非线性编辑领域同样具有突出优势，After Effects和Premiere来自同一家公司，协调性极好。其次，必须紧跟市场的发展需求，因此，应尽量选用最流行、潜力最大的软件。众所周知，Adobe解决方案早已成为数码成像领域的金科玉律，例如Photoshop、Flash、Dreamweaver、Acrobat等均为业界标准。作为Adobe旗下的软件，After Effects和Premiere同样具有IT人员所熟知Adobe风格界面，降低了学习难度。同时，它们在导入Photoshop、Illustrator等图像文件时，具有得天独厚的兼容性优势。 因此，综合考虑，采用After Effects+Premiere模式开展影视后期制作的学习最为合适，当然，要想成为从事电视包装特效的制作者还必须掌握以下知识。

### 1 中国电视制作采用的制式

PAL制式是由原西德在1962年制定的彩色电视广播标准，它克服了NTSC制式因相位敏感造成的色彩失真的缺点，中国、德国、英国、新加坡、澳大利亚、新西兰等国家均采用这种制式。PAL制式是电视广播中色彩编码的一种方法，全名为 Phase Alternating Line 逐行倒相。除了北美、东亚部分地区使用 NTSC ，中东、法国及东欧采用 SECAM 以外，世界上大部分地区都是采用 PAL制式。PAL制式由德国人 Walter Bruch 在1967年提出，当时他是为德律风根（Telefunken）工作。“PAL” 有时亦被用来指625线，每秒25帧，是一种奇场在前、偶场在后的电视制式。标准的数字化PAL电视标准分辨率为720×576，24比特的色彩位深，画面的宽高比为4 : 3，像素比为1 : 1.09（After Effects CS6之前版本的像素比为1 : 1.067）。

由于PAL制式是隔行扫描，一帧动态图像由两幅隔行画面组成，即PAL制式的场频为50，这也符合我国交流供电的频率——50Hz。使用隔行扫描，画面的扫描包括上场和下场（又称奇数场和偶数场），起始扫描线的上下取决于采集的素材视频板卡。

### 2 常用数字色彩模式

PAL制式用U、V色差信号分别对初相位为0° 和90° 的两个同频色副载波进行正交平衡调幅，并把V分量的色差信号逐行倒相。这样，色度信号的相位偏差在相邻行之间经平均而得到抵消。这种制式的特点是对相位偏差不甚敏感，并对在传输中受多径接收而出现重影彩色的影响较小。

电视色彩由三原色，即红、绿、蓝组成，满足电视制作要求的色深位数是8位（8 bit），也就是一种颜色的饱和度要分为2的8次方等级，即256级。那么三种颜色组成的电视信号也就是3个8位通道，就是我们通常所说的24位（24 bit）色彩。由于制作需要，电视制作中还有一个Alpha通道，这个由黑白色彩组成的通道也占有256级，8位色深。因此含有Alpha通道的素材，一般称为24+8，即32位（32 bit）色深素材。

根据制作需要，采集的素材还有可能是每通道占10bit。这种素材就需要使用能够识别和给予大于8bit色彩空间的软件进行操作，否则这些高质量素材在制作过程中将受到损失，导致质量和普通8bit素材无异了。合成软件一般根据素材，可以分为8bit、16bit以及32bit。这里的bit数依旧指的是单个通道的色深。由于现在电视传输受硬件的限制，目前普通电视观众在家中看到的电视节目只能是8bit，而高于8bit色深的素材的意义，就是在电视节目制作中，可以尽可能高地保证图像还原，方便软件识别信号，减少制作中的损耗，如抠像素材等。

摄像机的模数转换量化bit数和刚才提到的制作色深bit数无关，摄像机的模数转换量化bit指的是摄像机CCD感光的三色模拟信号，转化为数字记录信号时的采样精度。当然数值也是越高越好，以前一般为8bit转换，现在数字摄像机为10bit，目前更有12bit的数模转换摄像机出现。由于受传输记录的限制，通过摄像机棱镜分光后的三色信号量化为数字信号后，并不直接以电视三原色进行记录，而需要转化为亮度和色差信号，即YUV信号。同样进入摄像机记录部分的三原色信号，转化为磁带记录信号时的采样率，一般可以分为四种，4∶4∶4、4∶2∶2、4∶1∶1和4∶2∶0，这些采样率就是指“亮度”和两组“色差”信号之间的采样比例。其中4指的是对画面全像素进行采样，而2和1则代表对全像素的1/2或者1/4进行采样量化。

由于生产公司不同，几家大的摄像机生产公司都有自己的磁带格式，同样是标清数字格式，索尼有DVCAM、BETACAM SX、MPEG IMX、DIGITAL BETACAM；松下有DVCPRO、DVCPRO50；JVC有DIGITAL-S。不同厂家之间的磁带格式互不兼容，只有相同公司的录放设备才可以兼容回放，但也不能兼容记录。

### 3 高清晰电视工作格式

高清数字电视信号HDTV（High Definition Television，高清晰度电视），画面的比例是16∶9。现在国际上通用的标准制式有很多种，在中国的电视制式当中，目前经常接触的有三种，分别是720/30p（1280×720p，每秒30帧逐行扫描）、1080/50i（1920×1080i，每秒50场隔行扫描）、1080/25p（1920×1080p，每秒25帧逐行扫描）。我国广电总局所规定的高清数字信号广播电视播放标准为第二种，即1080/50i（1920×1080i，每秒50场隔行扫描）。

制式中包含隔行扫描信号和逐行扫描信号两种，目前在高清的制式中，就有逐行扫描的格式。为了区分，一般在讨论电视格式的时候，后缀会加上“p”或者“i”。其中加“p”的就是逐行扫描电视信号，加“i”的就是隔行扫描电视信号。

与标清一样，高清信号依然存在着不同的编码。我们常说的小高清（也就是HDV）就是和标清BETACAM SX、MPEG IMX一样采用“MPEG-2帧间压缩技术”的格式。而用于广播级的高清格式，如索尼的HDCAM、松下的DVCPRO HD都沿用了DV帧内压缩技术。当然，高清信号中还有松下的D5 HD无压缩数字分量格式存在。

在HDV制式中，有两种类型的高清晰录制体系。第一种为720p规范，逐行扫描信号，分辨率为1280×720（像素比为1∶1）；另一种体系为1080i规范，隔行扫描，分辨率为1440×1080（像素比为1∶1.33）。

### 4 电视像素比

前面的内容中已经接触到了像素比的概念。电视播出的每帧画面都是由像素构成的，以国家广电总局所规定的高清数字信号广播电视播放标准为范例，其像素比为画面1920÷1080≈1.777=16/9（比例），那么构成该画面的像素比例为1∶1，可视为正方形，说明其像素比例符合高清画面。以标清PAL制为例，画面大小为720÷576=1.25，而比例大小为4÷3≈1.333，也就是说，需要调整每个像素的比例大小以适应整体画面的比例大小，在After Effects CS6中，软件默认的像素比为1∶1.09，可视为长方形。在实际的项目操作中，如果没有正确调整像素的比例，则会出现画面变形。例如，将比例为1∶1像素比的素材画面直接导入After Effects CS6（PAL制工程）中，正圆形会变成椭圆形，如图1-1所示，左侧图形像素为1∶1，右侧图形为导入After Effects CS6 PAL制工程模式之后变形的图形。

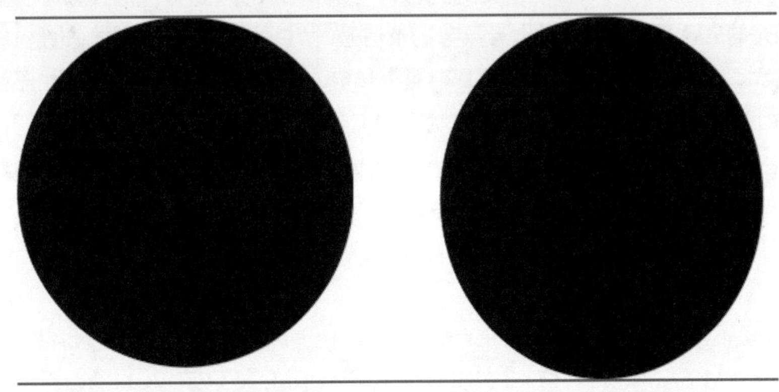

图1-1　像素比对照图

## 知识点二　影视后期制作工作流程

### 1 商业影视制作工作流程

从商业角度来说，每一个项目首先要做到的就是了解客户的需求、帮助客户满足他们的需求。在经过项目初期沟通并通过比稿等流程之后，与客户达成项目合作的共识，就可以进行正式制作。商业影片的基本流程可以大致分为以下几个环节：前期创意、脚本、故事板（Storyboard）、制作计划、前期拍摄准备、中期拍摄和数字特效（三维制作、二维制作、影视特效等）、后期剪辑合成、影片输出、平台播放等。每个环节都要与客户进行紧密沟通，各个环节的顺序不是一成不变的。

下面以某上市公司的企业宣传片为例，具体了解商业影视片的前期沟通流程。首先需要了解项目的背景与客户的要求以及该片的用途，该公司设立在公司园区内650平方米的展示厅，预计在三个月后开放，主要面向直接客户进行展示。展厅内部有6个主要业务的展示区，还有洽谈区和休息区。展厅入口处需要播放公司形象片（片长1～2分钟），包括公司的大致介绍和整个公司不同产业在全球的覆盖率。客户希望用世界地图的概念表现，目的是让入场的人对公司有大概的了解，引起人们的好奇心，片子要有冲击力，要“亲切、震撼、好奇，体现高科技感”。在充分了解客户的需求后，便开始进入正式的比稿流程。首先进行前期创意文稿制作，如表1-1以及图1-2至图1-5所示。

**表 1-1　创意文稿**

| 框架结构 | 画面概述 | 类解说词 | 字幕 |
| --- | --- | --- | --- |
| 1.一个穿越50余年的梦想 | | | |
| 企业介绍+历史 | 3G时代发展素材；<br>快速物流素材；<br>活力四溢的力量穿越时空星云。 | 聚焦3G时代，每一种力量的崛起都意味着一次新的超越。<br>东方通信，作为3G通信的龙头企业，正引领中国移动通信产业潮流。 | |
| | | | 一个穿越50余年的梦想 |
| | 时间轴大事记；<br>数字不断滚动；<br>老照片被不断定格。 | 诞生于1958年，东方通信作为中国邮电通信行业的重点企业，每一次挑战都定格为历史的瞬间。 | |
| 2. 一个覆盖世界的产业梦想 | | | |
| 业务部门<br>+<br>全球覆盖 | | | 一个覆盖世界的产业梦想 |
| | 地球+星云素材；<br>时空隧道，男子的周围是多个业务的流动；<br>男子点击不同的业务，画面快速切入相关场景。 | 海纳百川方可成就世界格局。<br>东方通信逐步形成以专网通信、金融电子、移动增值业务、网络优化、制造服务等传统产业为支柱的产业新格局。 | |
| 专网通信 | 地铁素材 | | 东方通信将为杭州地铁1号线提供专业无线通信解决方案 |
| 金融电子 | ATM生活素材 | | 完全自主知识产权的金融支付及安全保障技术 |
| 移动增值业务 | 移动新生活素材 | | 自主研发，国内占有率40% |
| 网络优化 | 网络社会素材 | | 20年经验积累 |
| 制造服务 | 厂房大景展示，快速流水线 | | |
| 3.一个连接未来与现实的梦想 | | | |
| | | | 一个连接未来与现实的梦想 |
| | 东方通信员工提供解决方案画面；<br>快速行走的人群；<br>快捷的移动电话。 | 超越自我，挑战极限。<br>相信中国通信，相信东方通信。 | |
| | 东方通信LOGO | | |

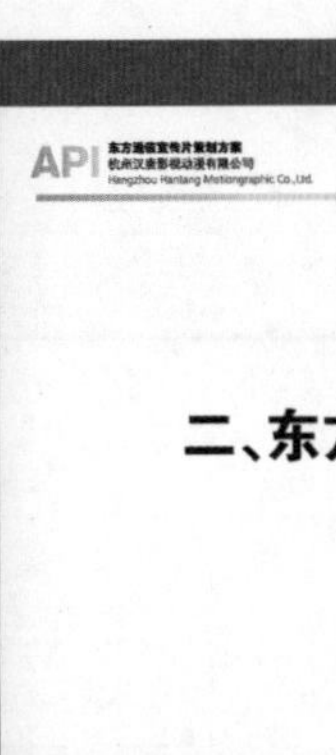

API 东方通信宣传片策划方案
杭州汉唐影视动漫有限公司
Hangzhou Hantang Motiongraphic Co.,Ltd.

# 二、东方通信宣传片脚本

9

API 东方通信宣传片策划方案
杭州汉唐影视动漫有限公司
Hangzhou Hantang Motiongraphic Co.,Ltd.

**1、导言：东信制造，领先世界的力量**

作为一个起步于通信产业的龙头企业，东方通信不断引领潮流，传承梦想，见证世界；
作为一个有着50余年发展的企业，东方通信一路稳健走来，把梦想定格在历史的坐标上；
作为一个有着完整解决方案的企业，东方通信的触角正不断向世界延伸；
作为一个高科技的企业，东方通信连接未来与现实，携时间同行；
我们试图寻找一种载体，既能体现她的企业精神，又能完好地承载这几大块内容，
于是，我们想到了时空。

10

API 东方通信宣传片策划方案
杭州汉唐影视动漫有限公司
Hangzhou Hantang Motiongraphic Co.,Ltd.

**2、载体：时空**

穿越时空，我们感受到一种活力四溢的力量正引领着新的潮流；
透过时空的星云，我们看到一行行跳动的数字，以及鲜活的历史被定格。
浩瀚地球，穿梭在时空隧道，不同的业务在我们面前围绕，引领我们展读每一个解决方案。
携时间同行，有一种力量正穿越时空与未来对接。

11

API 东方通信宣传片策划方案
杭州汉唐影视动漫有限公司
Hangzhou Hantang Motiongraphic Co.,Ltd.

**3、拍摄方式**

1）超高清数字摄影机，能展现电影级别的画面尺寸和质量，画面分辨率达到4096×2304。而普通广播级标清摄像机只能达到720×576的分辨率。
适用于大屏幕上的播放，达到震撼的效果则需要超清晰的画面质量。

2）传统标清摄像机，720×576的分辨率。适用于大部分的普通电视播放需求，但放在较大的屏幕上面播放，画面质量会比较差一些。
制作成本相对低一些

12

图1-2 脚本范例

API 东方通信宣传片策划方案
杭州汉唐影视动漫有限公司
Hangzhou Hantang Motiongraphic Co.,Ltd.

**4、表现方式**

我们将采用实景拍摄+3D电脑动画特技合成等手段来综合立体地表现视频。
虚实结合的手法将弥补全3D特技的虚拟，让画面更加真实和丰富，增强亲和力和人性化。

实景拍摄：城市发展、通信产业发展、地铁、厂房车间、流水线、长廊、员工工作写照、业务部门、能体现东方通信朝气蓬勃、意气风发的精神活力的画面。

3D动画：用三维的形式构建时空及时间轴、LOGO及相关字幕、产业覆盖全球等画面，3D动画能通过大视角直观地模拟通信产业的现实与未来，与实拍的结合让画面更加丰满。

13

API 东方通信宣传片策划方案
杭州汉唐影视动漫有限公司
Hangzhou Hantang Motiongraphic Co.,Ltd.

后期特效：运用多种视角和后期特效手段（抠像、无极变速、延时摄影、快慢镜头等），让画面视听冲击性强、节奏明快、主题突出、清晰明了；画面力求大气、唯美、国际化。充分利用镜头语言和特效，在虚实结合中彰显艺术张力。

行文解说：采用简洁有力的笔调、用事实说话、通俗易懂、错落有致，符合市场目标群体思维方式，解读集思想性、艺术性、科学性、哲理性于一体，多方位地剖析东方通信系列优势。杭州电视台一级配音实现画面、音乐、旁白的完美融合。

14

API 东方通信宣传片策划方案
杭州汉唐影视动漫有限公司
Hangzhou Hantang Motiongraphic Co.,Ltd.

**5、解决方案**

| 镜号 | 画面 | 内容 | 配音 | 时间 | 字幕 |
|---|---|---|---|---|---|
| 1 | | 无限的时空，无数的数字飞入，穿越层层大气，穿过东方的地平线。 | 引子<br>古老的东方，一个波澜壮阔的方向。每一个力量的崛起都意味着一次新的超越。<br>跨越半个世纪的时空，在中国长三角的大地上，有一个力量正传承梦想，见证世界。 | 1分钟 | |
| 2 | | 穿过东方通信大楼的上空，穿过东方通信的时空长廊，穿过东方通信繁忙的生产线。最后数字包围的LOGO | | | |
| 3 | | 特效转到时间轴。通过时间轴和画面资料结合来表现。具有历史设计感觉的时间轴和处理过的资料画面。 | 一、一个穿越50余年的梦想<br>企业介绍+历史<br>诞生于1958年，与中国通信产业的结缘，为东方通信揭开了产业报国的新篇章。半个世纪的生生不息，是对一个伟大梦想的不懈坚守，制造不断的民族情结，是对一个神圣使命的孜孜以求。 | | 一个穿越50余年的梦想 |
| 4 | | 时间轴大事记；数字不断跳动；老照片被不断定格 | | | |

15

API 东方通信宣传片策划方案
杭州汉唐影视动漫有限公司
Hangzhou Hantang Motiongraphic Co.,Ltd.

| 镜号 | 画面 | 内容 | 配音 | 时间 | 字幕 |
|---|---|---|---|---|---|
| 5 | | 东信研究人员在演论，操作精密仪器，镜头从东信产品的标志拉开，人们在生活不同领域使用东信的产品。摇镜头东信员工下班带着微笑迎面走来。 | "科技实现价值，创新成就领先，构筑美好生活"。<br>东信用半个世纪的跨越架起了中国的脊梁，用诚信和承诺谱写着属于她的春华秋实。<br>东方的智慧，世界的走逢。90年代，与美国摩托罗拉公司的合作，揭开了中国移动通信产业的序幕。与德国西门子的合作，启动了东信在金融电子产业发展的新开端。<br>当东信A、B股在沪市成功上市的那一刻，她给中国留下了久远的回声<br>当我国第一台具有自主知识产权的手机在"东信"问世的那一刻，她给世界留下了一个生动的写照。<br>"务实创新，追求卓越"。 | 2分钟 | |
| 6 | MOTOROLA | 地球的东方，太阳光慢慢升起，巨大的东信LOGO，飞向地球。特效转，走向为自由的格式。几个大事记，通过字幕和画面之间的配合展现几次大事。美国摩托罗拉公司的合作 | | | |
| 7 | | 和西门子的合作<br>A、B股在沪市成功上市<br>我国第一台具有自主知识产权的手机在"东信"问世 | | | |
| 8 | | 镜头快速从地球上空切入到东信的生产基地。巨大的东信LOGO在东信的上空飞过。 | | | |

16

图1-3 脚本故事板范例

After Effects

Premiere

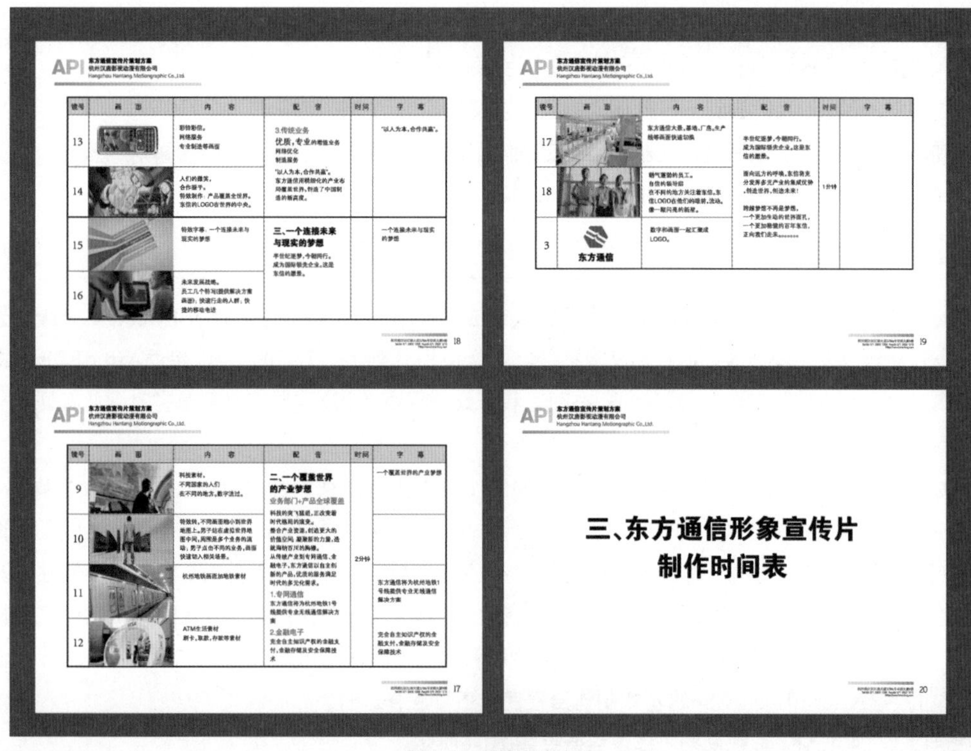


图1-4　故事板范例

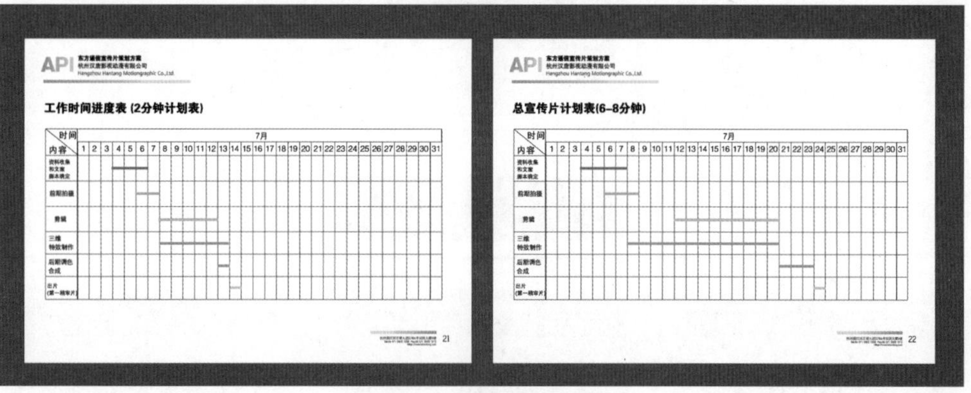


图1-5　制作进度表范例

## 2min宣传片策划方案

### 一、导言：超越自我，挑战极限

“超越自我，挑战极限”是东方通信的企业精神。

作为一个3G时代的龙头企业，东方通信正引领一种潮流；

作为一个有着50余年发展史的企业，东方通信正把梦想定格在历史的坐标上；

作为一个有着完整解决方案的企业，东方通信的触角正不断向世界延伸；

作为一个高科技的企业，东方通信连接未来与现实，携时间同行。

我们试图寻找一种载体，既能体现它的企业精神，又能完好地承载这几大块内容，于是，我们想到了时空。

二、载体：时空

穿越时空，我们感受到一种活力四溢的力量正引领着新的潮流。

透过时空的星云，我们看到一行行跳动的数字以及鲜活的历史被定格。

浩瀚地球，穿梭在时空隧道，不同的业务在我们面前围绕，引导我们展读每一个解决方案。

携时间同行，有一种力量正穿越时空与未来对接。

## 2 After Effects CS6软件工作流程

After Effects是一款非常优秀的影视后期特效合成软件，应用范围广泛，After Effects CS6版本通过对其自身的整合以及多项新功能的推出又将视频特效合成提升到了一个新的高度。借助After Effects CS6软件，可以使用各种工具创建引人注目的动态图形和出众的视觉效果，这些工具可节省时间并实现无与伦比的创造。

After Effects CS6工作范围非常广泛，常见的工作范围包括影视广告、宣传片、影视剧、多媒体、栏目包装、专题片等视觉动态作品的制作，甚至包括了图片、Web等格式范围。虽然播出的平台以及用途不同，但其工作的基本流程相似，大致为创建项目、导入素材、剪辑、后期特效处理、修改图层属性以及影片镜头输出，而一般来说，整个项目成片的剪辑与音效、字幕等工作会使用其他专业的剪辑软件来完成，与After Effects CS6可以完美结合的软件是同公司出品的Premiere Pro CS6软件。在本书后面的各个任务中，我们将根据After Effects CS6的基本制作流程完成各项工作。

综合以上内容所述，影视后期工作流程概要如图1-6所示。

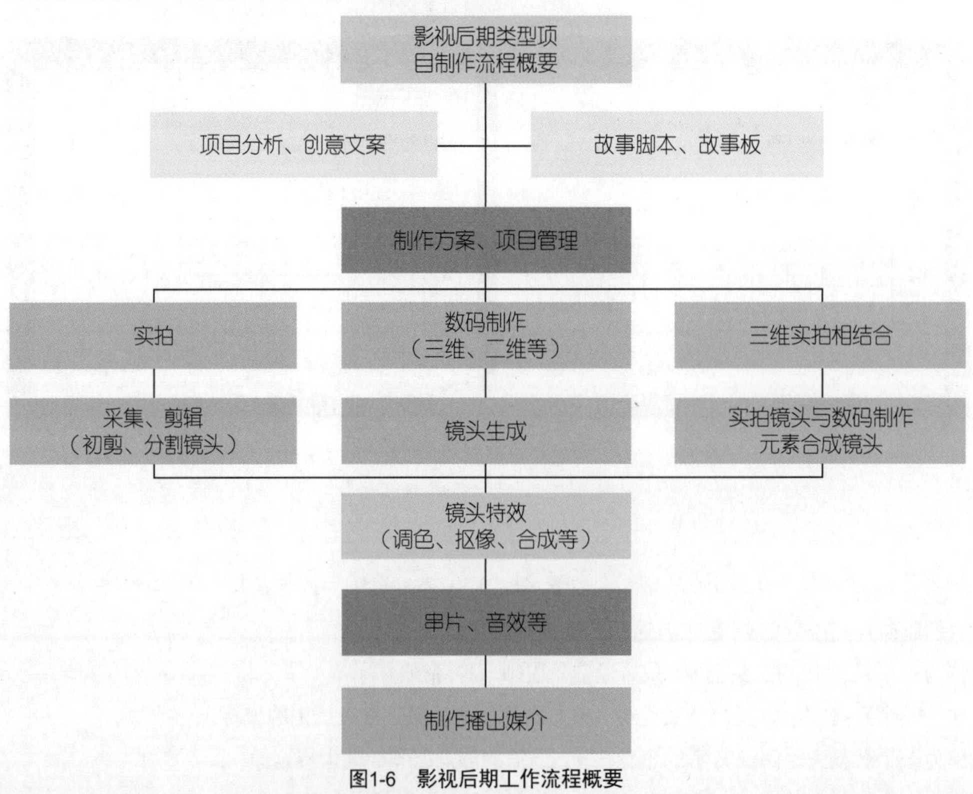


图1-6 影视后期工作流程概要

## 知识点三 After Effects CS6软件初始化设置

After Effects CS6涉及的范围广泛，可以处理的视频格式多种多样，在初次运行软件和每次处理不同工作项目的时候，首先要做的工作就是初始化设置，将软件默认的一些参数修改至符合当前工作的需求，具体操作如下。

01 启动软件After Effects CS6，关闭引导页面进入工作界面，选择【Edit】>【Emplates】>【Render Settings Templates】命令，弹出【Render Settings Templates】（输出渲染设置）对话框，如图1-7所示，【Defaults】选项组为输出质量，值得注意的是【Frame Default】的默认值“Current Settings”为输出单帧画面，为工作界面中当前的质量。

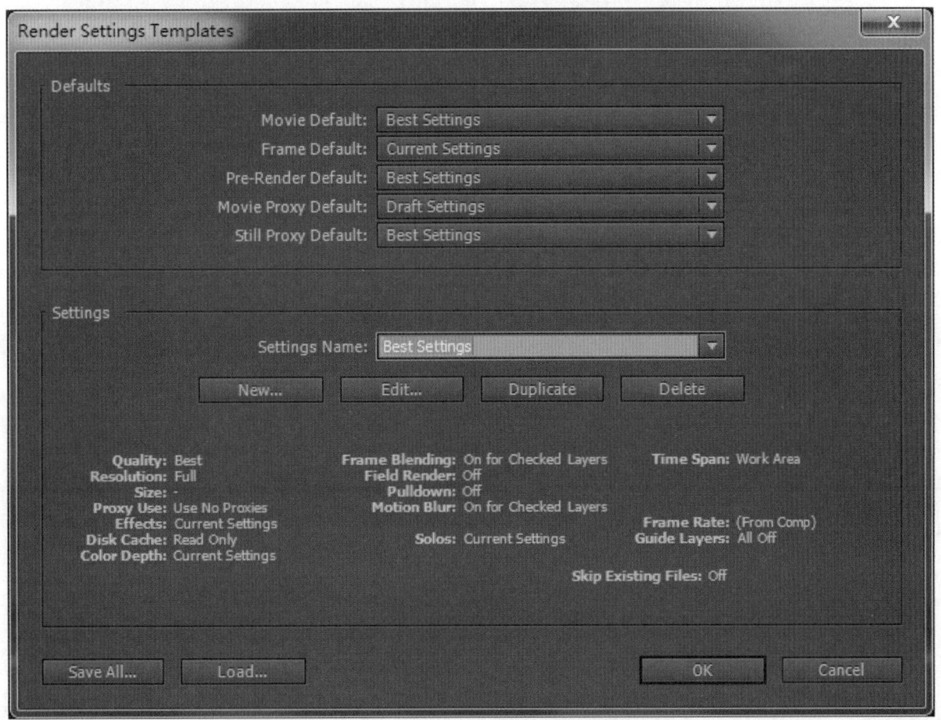


图1-7 【Render Settings Templates】对话框

02 单击【Settings】选项组中的【Edit】按钮，弹出【Render Settings】（输出渲染设置）对话框，如图1-8所示，设置有关“场”的信息，电视播出项目输出时必须带有“场”的信息，若无其他因素限制，选择“Upper”或者“Lower”都可以，但是要注意整条片子中每个镜头的“场”设置要一致。注意：在【Render Settings】选项组中包含【Use OpenGL Renderer】复选框，一般在镜头处理中对素材有缩放处理或者影片要求质量比较高的时候不建议选中此复选框，另外如果硬件显卡不支持OpenGL，则无此复选框出现。

03 选择【Edit】>【Preferences】>【General】命令，弹出【Preferences】对话框，此对话框用于After Effects CS6的全局设置。此对话框中，有几个子菜单必须要注意，如图1-9所示，首先是关于【Import】选项的设置，在【Sequence Footage】中将输出序列帧数30改为25，以符合PAL制标准，单击【Next】按钮或者直接单击左侧菜单进入下一选项的设置。

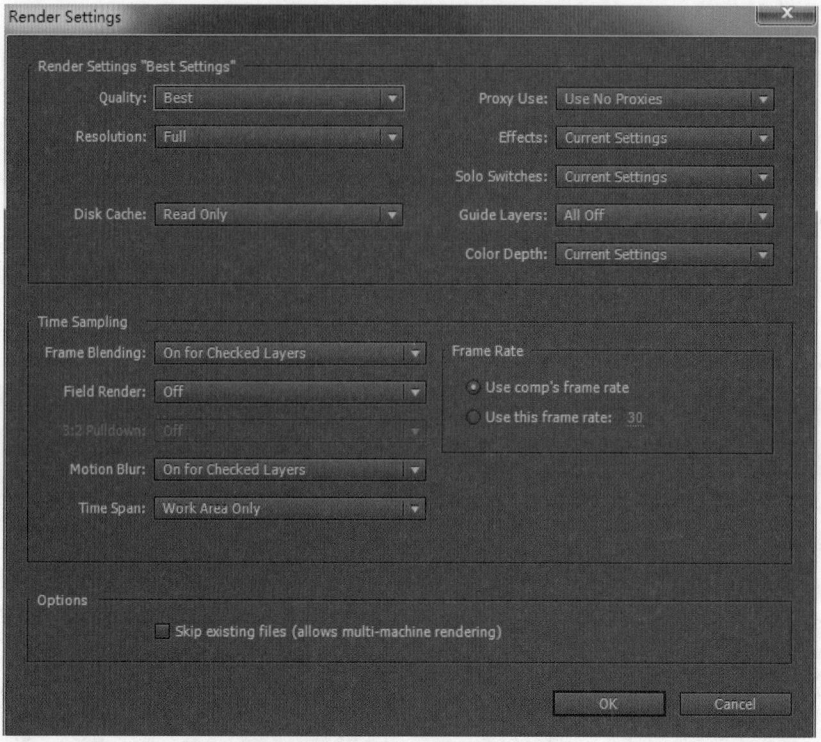

图1-8 【Render Settings】对话框

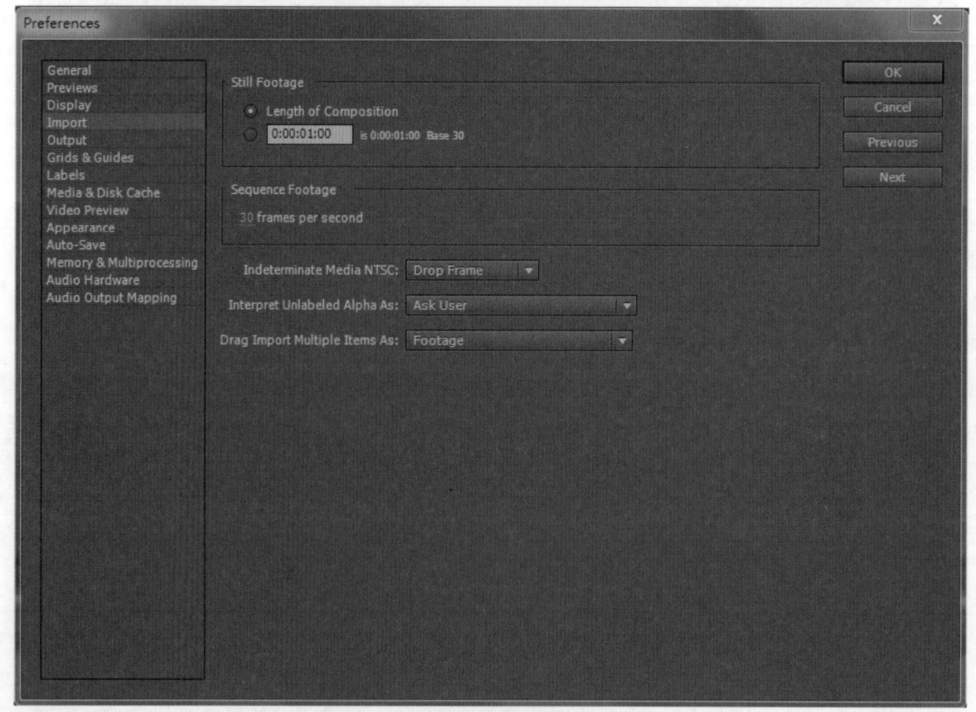


图1-9 【Preferences】对话框

04 在左侧菜单中，单击【Media & Disk Cache】选项，选中【Disk Cache】一栏中的【Enable Disk Cache】复选框，在弹出的对话框中选择硬盘的位置用以设置虚拟缓存，After Effects CS6的内存要求为最小2GB，内存越大，运算的效率越高，而虚拟缓存的设置可以提高运算的效率。虚拟缓存可以根据硬盘空间的情况来选择，为方便统一管理可以建立一个新的文件夹，文件夹的命名尽量避免使用中文，如图1-10所示。

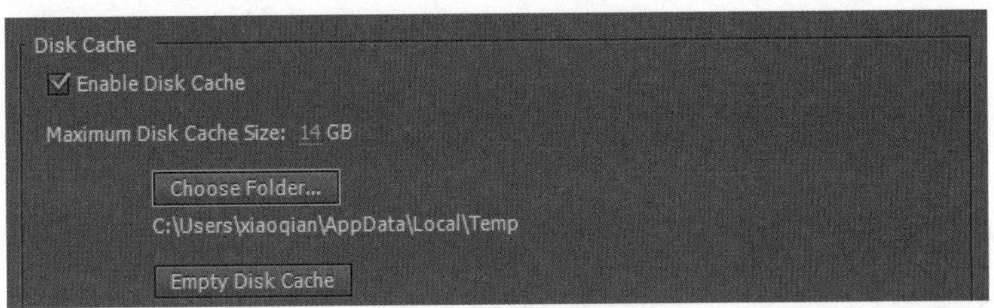


图1-10　虚拟缓存设置

05 在左侧菜单中，单击【Memory&Multiprocessing】选项，在【Memory】一栏中可以设定内存使用分配，原则上内存的分配留给除运行After Effects CS6软件以外的内存不少于1.5GB，如图1-11所示。内存越高则软件的运算速度越快。

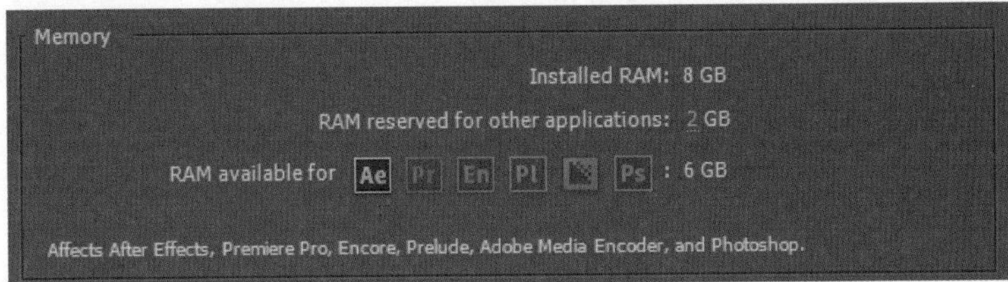


图1-11　内存分配设置

以上内容就是After Effects CS6的基本初始化设定。另外，每建立一个新的项目，还需要有项目工程文件的设置，本书后面的各个任务中会逐渐接触到。

# 课后作业

1. 填空题

(1) 我国的电视制式是________制，每秒有________帧，画面大小为________，其画面比例为_______，像素比为_______，After Effects CS6较早版本的像素比为_______。

(2) 电视色彩由三原色，即红、绿、蓝组成，满足电视制作要求的色深位数是_______，也就是一种颜色的饱和度要分为2的8次方级，即256级。

2. 单项选择题

(1) 我国广电总局所规定的高清数字信号广播电视播放标准为_______。

A. 720/30p（1280×720p，每秒30帧逐行扫描）

B. 1080/50i（1920×1080i，每秒50场隔行扫描）

C. 1080/25p（1920×1080p，每秒25帧逐行扫描）

D. 1080/25i（1920×1080i，每秒25场隔行扫描）

(2) 在After Effects CS6软件初始化设置中，原则上对内存的分配留给除运行软件以外的内存不少于_______。

A. 0.5GB　　B. 1.5GB　　C. 2GB　　D. 无规定

3. 简答题

简述商业影视制作的工作流程。

# 模块 02

## 中国国际动漫节宣传片
## ——皮影戏

**能力目标**

掌握如何使用平面素材在After Effects CS6中制作宣传片所需的动画镜头

**专业知识目标**

1. 掌握通过关键帧设定动画的方法
2. 了解层编辑、新建层以及Comp的概念

**软件知识目标**

1. PAL制项目工程文件设置
2. PSD文件素材导入
3. 层级关系——父子层关系，运动模糊

**课时安排**

6课时（讲课3课时，实践3课时）

## 任务参考效果图

# 模拟制作任务（3课时）

## 任务一 制作皮影戏镜头

### 任务背景

第三届中国国际动漫节的主题为皮影戏，活动前期，项目策划组确定了一个皮影戏风格的宣传片来呼应这个活动。凭借皮影戏的特殊风格，使该片脱颖而出，成为历届动漫节中优秀的宣传片之一。本任务将通过该宣传片中的关键技术镜头来了解皮影戏的制作重点。

### 任务要求

设计制作皮影戏镜头元素之一，设定出吹唢呐的动画效果，要求符合皮影的运动规律，效果逼真。

播出平台：多媒体、中央电视台及各地方电视台。

制式：PAL制。

### 任务分析

要做出逼真的皮影戏动作，我们需要对皮影的制作原理有一定的了解。一般皮偶都是以侧面和侧身示人，这是因为皮偶必须贴近布幕，并且只能做出前进、后退、跳高、跳下等动作。皮偶的动作通过每个关节点的相连来实现。前期需要借助平面软件对角色进行处理，对皮影角色的关节进行分层，将有动作的部分都拆分开。这样处理后的角色就可以在后期软件中进行动作设置了。了解皮影的运动规律后，改变素材各关节的中心点，通过“父子关系”以及位置的变化来实现模拟皮影戏的动画效果。

### 本案例的重点、难点

设定各层级之间的父子关系，改变各层素材中心点，设置位置、旋转关键帧动画。

【技术要领】导入素材；设置关键帧动画；新建固态层；合并为【Comp】；添加特效。

【解决问题】熟悉关键帧动画设置，了解父子层之间的关系，学会使用添加特效功能。

【应用领域】影视后期。

【素材来源】光盘\模块02\素材\小鬼F.psd。

【效果展示】光盘\模块02\效果展示\小鬼F.avi。

## 操作步骤详解

### 以项目工程文件模式导入PSD素材并设置

01 启动After Effects CS6，关闭引导页对话框。选择【File】>【Import】>【File】命令，弹出【Import File】（导入素材）对话框，选择“模块02\素材\小鬼F.psd”素材文件（光盘中提供）01 ①，设置【Import As】为“Composition”，如图2-1所示。然后单击【打开】按钮，在弹出的对话框中单击【OK】按钮，如图2-2所示，完成PSD素材的导入。

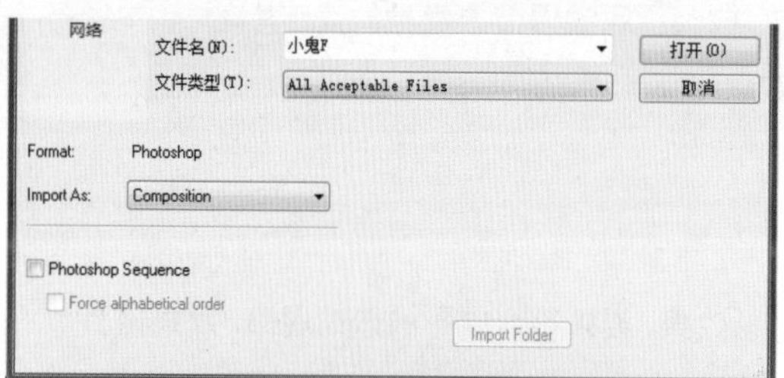


图2-1 选择项目工程形式导入素材

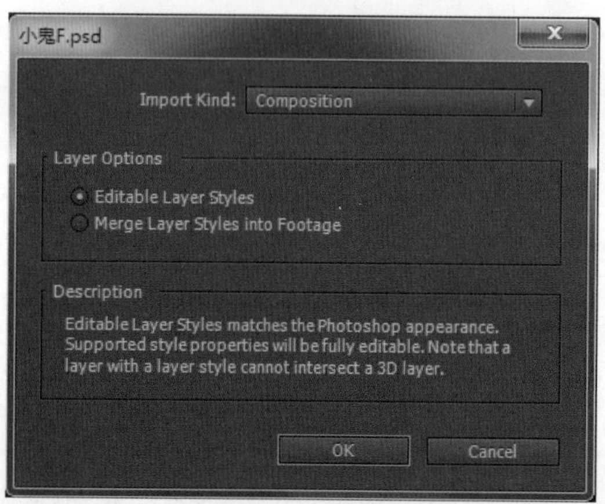


图2-2 确定导入的模式

02 在【Project】对话框中右击【小鬼F】（项目工程文件），如图2-3所示，在弹出的快捷菜单中选择【Composition Settings】（工程文件设置）命令，弹出【Composition Settings】对话框。设定【Preset】（预设置）为“PAL D1/DV”，设定【Resolution】（分辨率）为“Full”，设定【Duration】（时长）为“0:00:02:05”，如图2-4所示，为使预览效果更为明显并方便操作，我们需将黑色的背景色调整为更合适观看的颜色，设定【Background Color】（背景色）如图2-5所示，单击色块弹出取色器对话框，如图2-6所示。通过取色器选择背景色为淡粉色，单击【OK】按钮返回【Composition Settings】对话框。单击【OK】按钮，完成项目工程文件的设置。选择【File】>【Save】命令保存项目文件至硬盘02。设置后效果对比如图2-7所示。

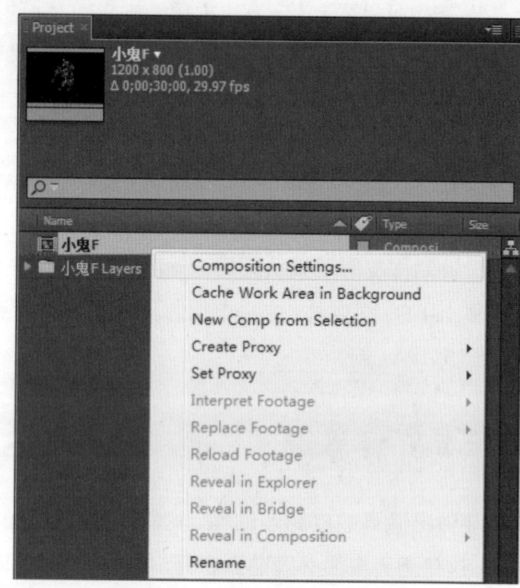


图2-3 项目工程文件快捷菜单

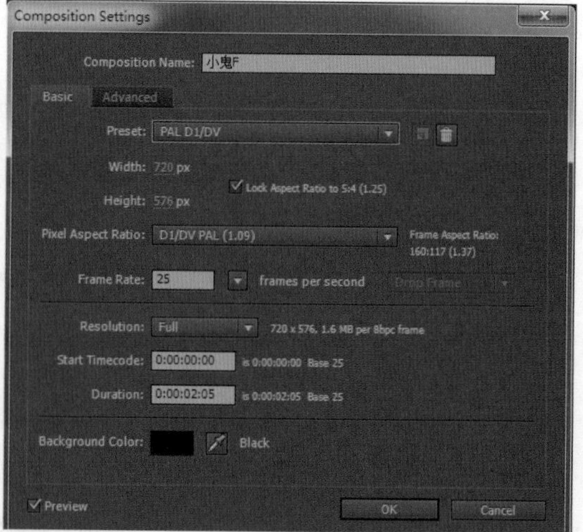


图2-4 【Composition Settings】（工程文件设置）对话框

图2-5 背景色设定

① 此序号与“知识点拓展”中的序号01相对应。

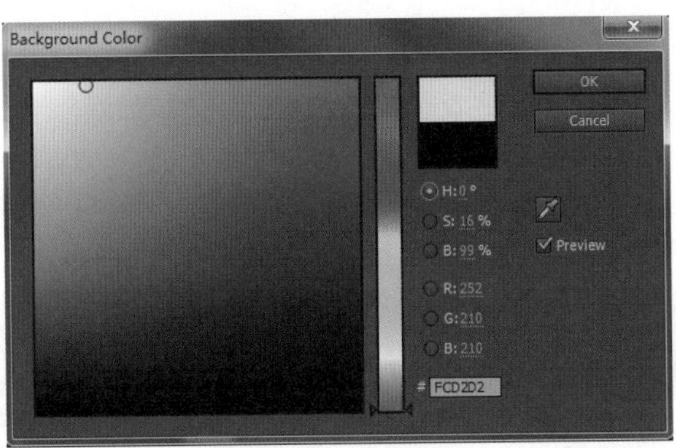


图2-6　背景色选取

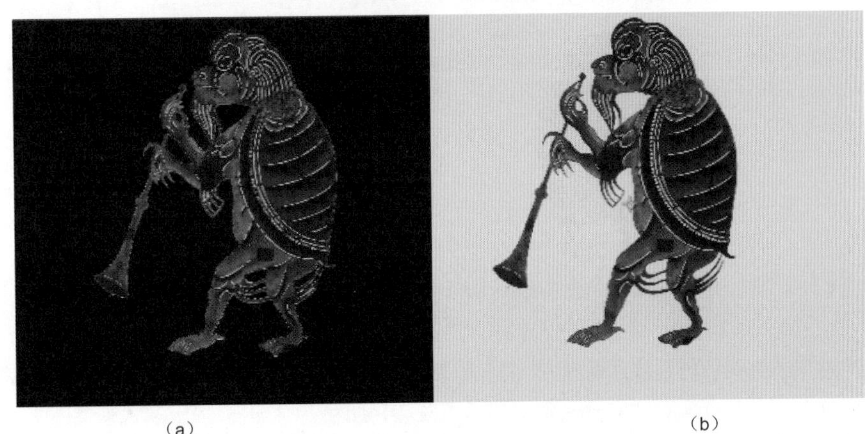

（a）　　　　（b）

图2-7　背景色设置对比效果

## 设置层父子关系

03 双击【Project】对话框中的项目文件“小鬼F”，在预览区和时间线编辑区（又称Timeline或层编辑区）打开该文件，首先调整层文件顺序，在时间线编辑对话框中，按住鼠标左键选择素材，上下拖动即可改变其位置，调整前后的层顺序，如图2-8所示。

| 调整前 | | 调整后 | |
|---|---|---|---|
| 1 | 左腿 | 1 | 头部 |
| 2 | 身子 | 2 | 身子 |
| 3 | 手臂 | 3 | 手臂 |
| 4 | 右腿 | 4 | 左腿 |
| 5 | 头部 | 5 | 右腿 |

图2-8　调整前和调整后的层顺序

04 在时间线编辑对话框中，在层1 “头部”层【Parent】栏下，选择 按下鼠标左键[03]，并将其拖至层2文件“身子”层上释放鼠标，指定“头部”的父层为“身子”。在按住鼠标左键不放并拖动鼠标的同时会出现一条黑色的指示线，目标层上会出现一个方框提示避免关联错误，如图2-9所示。对父层“身子”的任何编辑都会影响到子层“头部”。对父层的属性编辑会影响到子层，而对子层的属性编辑不会影响到父层，父层只能有一个，但是子层可以有多个。

| # | 层 | Parent |
|---|---|---|
| 1 | 头部 | None |
| 2 | 身子 | None |
| 3 | 手臂 | None |
| 4 | 左腿 | None |
| 5 | 右腿 | None |

图2-9　指定父层示意图

05 分别指定层3“手臂”、层4“左腿”、层5“右腿”的父层为层2“身子”，如图2-10所示，这样就完成了父子层关系的设置。在接下来的操作中，对父层“身子”的任何编辑或修改都会影响到其他各个子层。

图2-10　指定各层关系

06 在时间线编辑区，单击层2“身子”前面的三角按钮，展开【Transform】的属性编辑参数[04]，如图2-11所示。

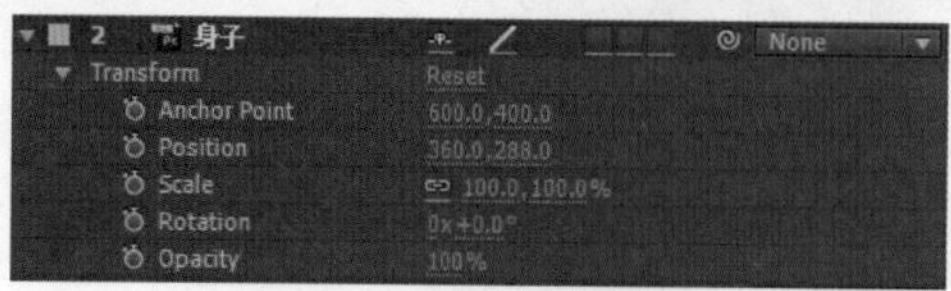


图2-11　展开层属性编辑

07 单击【Scale】（图层缩放）选项的黄色时间显示区域，激活其为修改状态，将数值调整为“65.0, 65.0%”，通过调整父层的缩放参数，将其他层的大小一并修改，如图2-12所示，调整大小后，效果如图2-13所示。

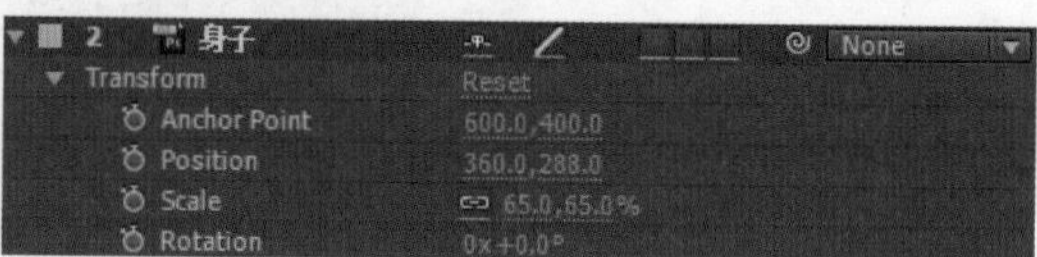


图2-12　调整缩放参数

图2-13　大小调整前后效果对比

08 单击时间线上黄色时间显示区域[05]，将其参数设置为“0:00:00:03”，按【Enter】（回车键）完成设置，此时时间线光标会移至第0:00:00:03帧的位置，如图2-14所示。

图2-14　移动时间线光标

09 分别单击【Position】（位置）和【Rotation】（旋转）项之前的按钮，激活关键帧记录器，激活后的按钮变为，在时间线中会相应出现关键帧（菱形）标志[06]，表示数值已被记录，如图 2-15所示。

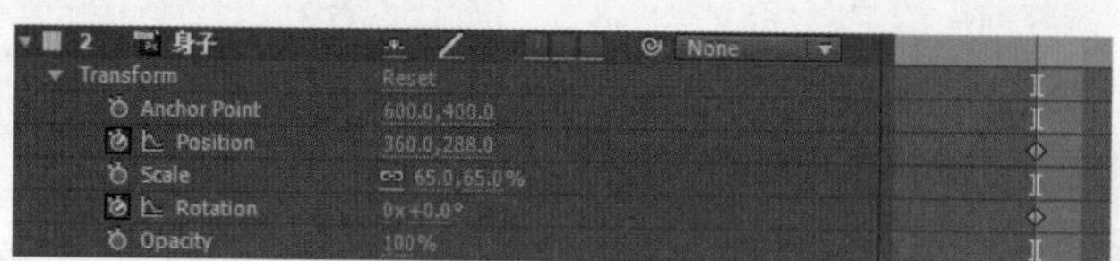


图2-15　激活关键帧记录

10 将时间线光标移至第0:00:00:06帧的位置，调整【Position】参数，将“360.0, 288.0”调整为“356.0, 288.0”，调整【Rotation】参数为“0×-3.0°”，当数值有所变化时，关键帧将被自动记录，相应位置会出现新的关键帧标记，如图2-16所示。

11 将时间线光标移至第0:00:00:10帧的位置，分别单击【Position】（位置）和【Rotation】（旋转）项之前的添加关键帧菱形按钮，在未调整参数的情况下添加当前参数的新关键帧，时间线相应位置也会出现关键帧标记，如图2-17所示。

12 将时间线光标分别调整至0:00:00:14帧、0:00:00:18帧、0:00:01:04帧、0:00:01:08帧、0:00:01:19帧、

0:00:01:24帧的位置，调整其参数，【Position】为“360.0, 288.0”、【Rotation】为“0×+0.0°”；将时间线光标分别调整至0:00:00:21帧、0:00:01:00帧、0:00:01:11帧、0:00:01:15帧的位置，调整其参数，【Position】为“356.0，288.0”、【Rotation】为“0×-3.0°”，效果如图2-18所示。

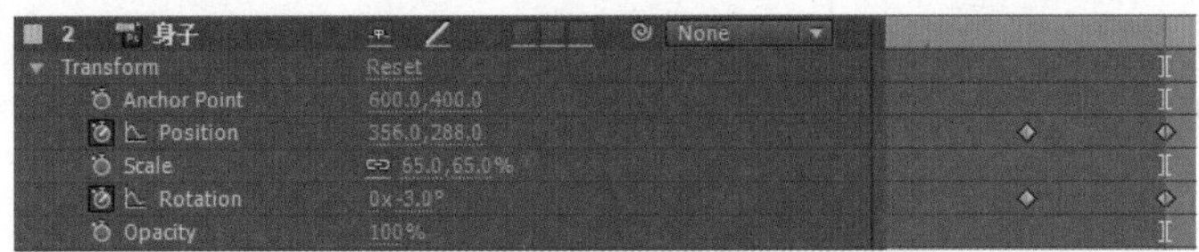


图2-16　调整参数并自动记录关键帧

图2-17　手动添加关键帧

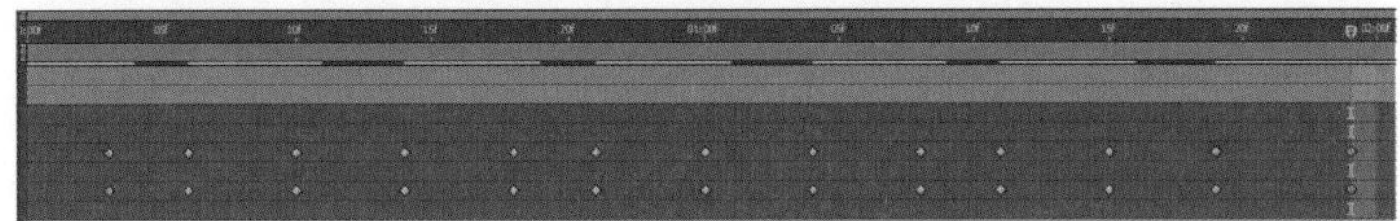

图2-18　分别设置关键帧

13 将时间线光标移至0:00:02:04帧的位置，调整其参数，【Position】为“360.0，390.0”，【Rotation】为“0×-100.0°”，模拟制作出角色倒下的动画效果，调整后效果如图2-19所示。单击层文件之前的三角按钮，收起层属性编辑菜单。单击数字小键盘【0】键[07]，预览躯干动画效果。

图2-19　模拟角色倒下效果调整前后对比

## 关键帧动画设定

14 调整时间线光标位置至0:00:00:00帧，单击时间线编辑区中层1“头部”之前的三角按钮，再单击【Transform】前的三角按钮以展开属性编辑参数。调整【Anchor Point】（中心点）参数，将“600.0，400.0”调整为“665.0，244.0”，将层文件的中心点移至头部后方；调整【Position】参数，将“600.0，400.0”调整为“700.0，245.0”，将层移回原位，如图2-20所示。

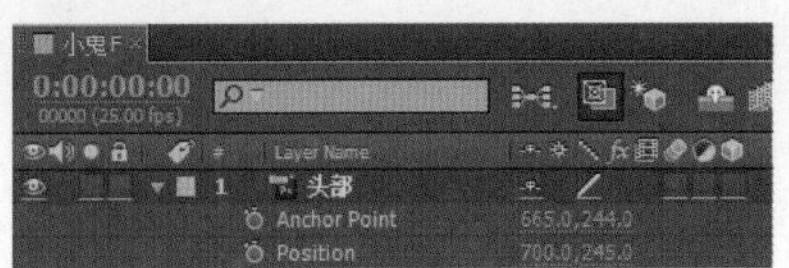


图2-20　调整头部图层中心点位置

15 调整【Rotation】参数为“0×+8.0°”，将头部的形态调整为略微仰头。调整时间线光标位置至第0:00:00:04帧的位置，激活【Position】的关键帧记录器，分别在0:00:00:16帧、0:00:00:20帧、0:00:01:07帧、0:00:01:11帧、0:00:01:24帧的位置手动添加关键帧。将时间线光标移至第0:00:00:07帧位置，调整其参数，【Position】为“669.0，234.0”、【Rotation】为“0×-4.0°”，按住鼠标左键不放，在时间线上相应位置拖出选择框，框选第0:00:00:07帧位置的两个关键帧后释放鼠标左键，按【Ctrl+C】组合键复制关键帧属性，如图2-21所示。分别将时间线光标移至0:00:00:12帧、0:00:00:23帧、0:00:01:03帧、

0:00:01:14帧、0:00:01:19帧的位置，按【Ctrl+V】组合键粘贴关键帧，如图2-22所示。单击层文件前的三角按钮，收起层属性编辑菜单，按【Ctrl+S】快捷键保存项目文件。

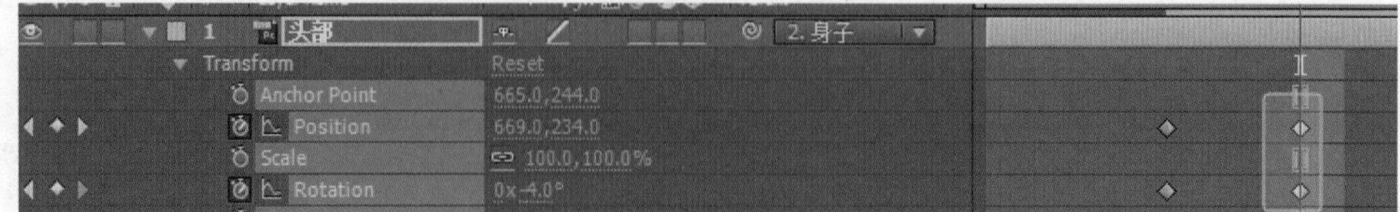


图2-21 复制关键帧

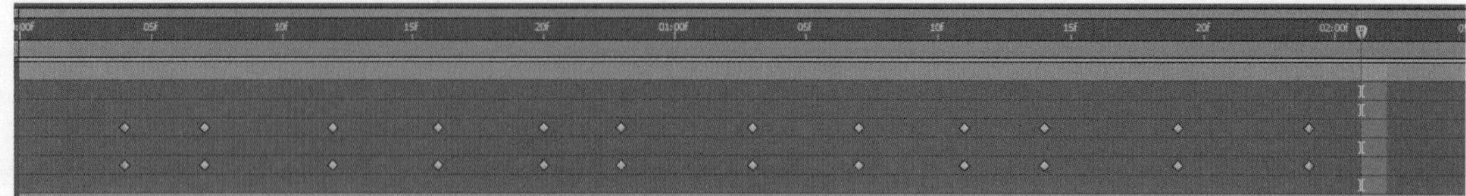

图2-22 粘贴关键帧

16 将时间线光标位置移至0:00:00:00帧，单击时间线编辑区层3“手臂”前面的三角按钮，再单击【Transform】前的三角按钮以展开属性编辑参数，调整【Anchor Point】参数为“613.0，314.0”，将层文件的中心点移至肩膀中部，调整【Position】参数为“601.0，317.0”，调整【Rotation】参数为“0×+43.0°”，如图2-23所示，调整出吹唢呐的视觉效果，效果如图2-24所示。

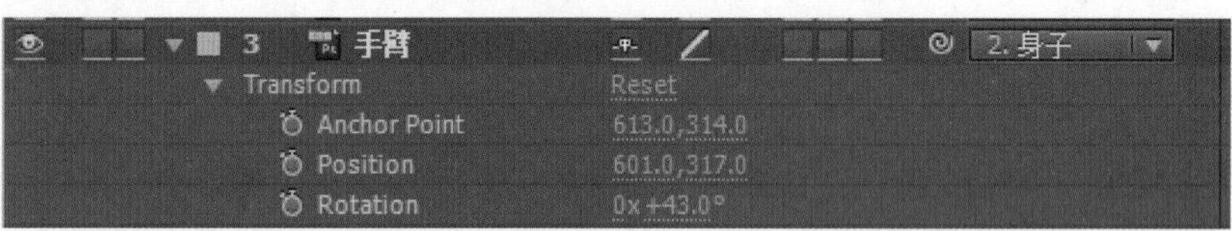


图2-23 调整手臂图层中心点位置

图2-24 吹唢呐效果调整前后对比

17 为保持头部与手臂的动作协调，这两个层的关键帧设定位置是相对一致的。调整时间线光标位置至第0:00:00:04帧，激活【Rotation】的关键帧记录器，分别在第0:00:00:16帧、0:00:00:20帧、0:00:01:07帧、0:00:01:11帧、0:00:01:24帧位置手动添加关键帧。将时间线光标调整至第0:00:00:07帧位置处，调整【Rotation】的参数为“0×+16.0°”，按【Ctrl+C】组合键复制该关键帧，分别将时间线光标移至第0:00:00:12帧、0:00:00:23帧、0:00:01:03帧、0:00:01:14帧、0:00:01:19帧，并按【Ctrl+V】组合键粘贴出新的关键帧。将时间线光标移至0:00:01:24帧处，激活【Position】的关键帧记录器，将时间线光标移至0:00:02:04帧的位置，调整【Rotation】的参数为“0×-20.0°”、【Position】的参数为“730.0，310.0”，0:00:02:04帧的参数以及所有关键帧设置如图2-25所示。

18 调整时间线光标位置至第0:00:00:00帧，单击时间线编辑区层4“左腿”之前的三角按钮，再单击【Transform】之前的三角按钮以展开属性编辑参数。调整【Anchor Point】参数为“595.0，500.0”，将层文件的中心点移至左腿膝盖处；调整【Position】的参数为“595.0，500.0”；调整【Rotation】的参数为“0×-38.0°”，如图2-26所示，调整出预备抬腿的视觉效果。

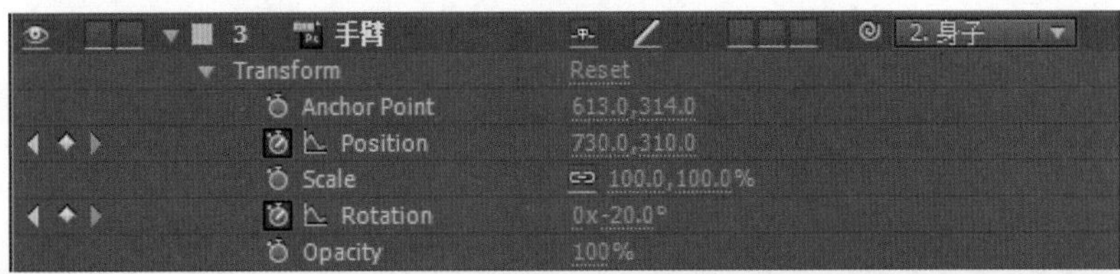

图2-25　设置手臂关键帧动画



图2-26　调整左腿图层中心点位置

**19** 调整时间线光标位置至第0:00:00:03帧处，激活【Rotation】的关键帧记录器，分别在第0:00:00:14帧、0:00:00:18帧、0:00:01:04帧、0:00:01:08帧、0:00:01:19帧、0:00:01:24帧处手动添加关键帧。将时间线光标移至第0:00:00:06帧，调整【Rotation】的参数为“0×+27.0°”，复制该关键帧，分别将时间线光标移动至第0:00:00:10帧、0:00:00:21帧、0:00:01:00帧、0:00:01:11帧、0:00:01:15帧的位置粘贴出新的关键帧。将时间线光标调整至0:00:02:04帧的位置，调整【Rotation】的参数为“0×-142.0°”，关键帧设置如图2-27所示。

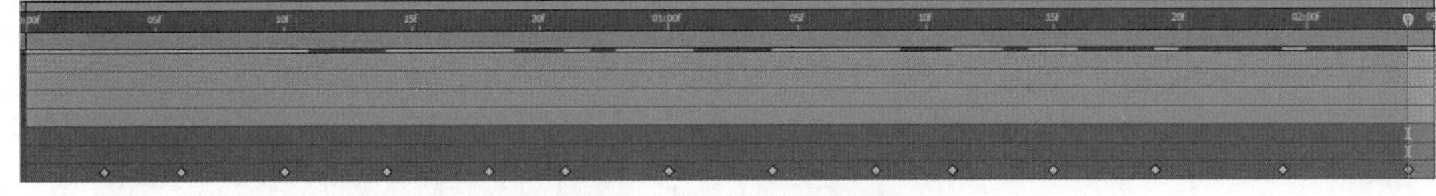

图2-27　设置左腿关键帧动画

**20** 调整时间线光标位置至第0:00:00:00帧，单击时间线编辑区层5“右腿”前部的三角按钮，再单击【Transform】前的三角按钮展开属性编辑参数。调整【Anchor Point】参数为“694.0，524.0”，将层文件的中心点移至右腿膝盖处；调整【Position】参数为“694.0，524.0”；调整【Rotation】的参数为“0×+23.0°”，如图2-28所示，调整出迈步的视觉效果，如图2-29所示。

**21** 调整时间线光标位置至第0:00:00:03帧处，激活【Rotation】的关键帧记录器，分别在第0:00:00:14帧、0:00:00:18帧、0:00:01:04帧、0:00:01:08帧、0:00:01:19帧、0:00:01:24帧处手动添加关键帧。将时间线光标调整至第0:00:00:06帧处，调整【Rotation】的参数为“0×-24.0°”，复制该关键帧，分别将时间线光标移动至第0:00:00:10帧、0:00:00:21帧、0:00:01:00帧、0:00:01:11帧、0:00:01:15帧位置处粘贴关键帧。将时间线光标调整至0:00:02:04帧处，调整【Rotation】的参数为“0×-163.0°”，关键帧设置如图2-30所示。

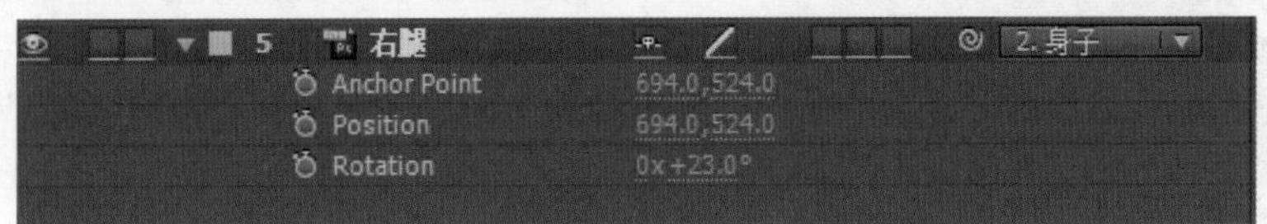


图2-28　调整右腿图层中心点位置

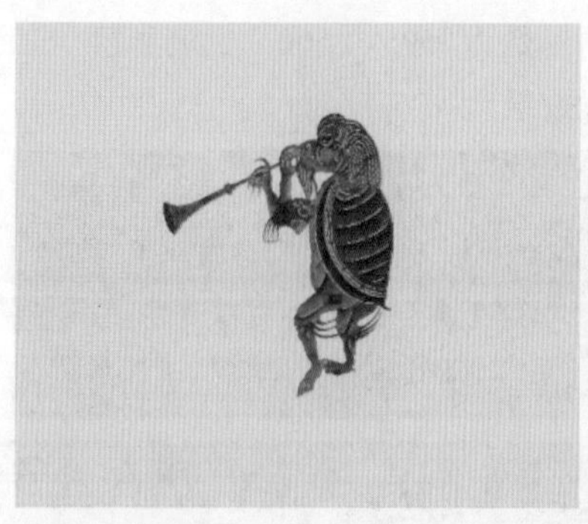

图2-29　迈步效果调整前后对比

图2-30　设置右腿关键帧动画

## 制作皮影戏幕布模糊效果

**22** 选中预览区或时间线编辑区，新建一个固态层，操作如图2-31所示，选择【Layer】>【New】>【Solid】命令，弹出【Solid Settings】（固态层设置）对话框，设定名称为“渐变层”，如图2-32所示，单击【OK】按钮。这时在时间线编辑区出现了一个新的固态图层，而原有图层顺序也会有所变化，如图2-33所示。在【Project】窗口中同时会出现新的素材管理文件夹【Solids】，单击该文件夹前的三角符号将其展开，可以找到新建的固态图层，如图2-34所示。

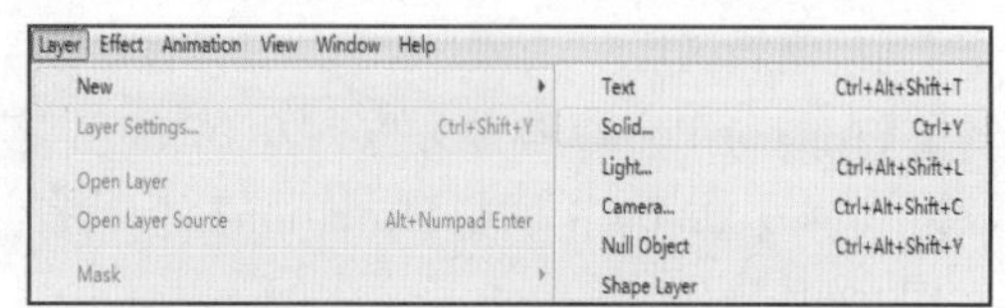


图2-31　新建固态层

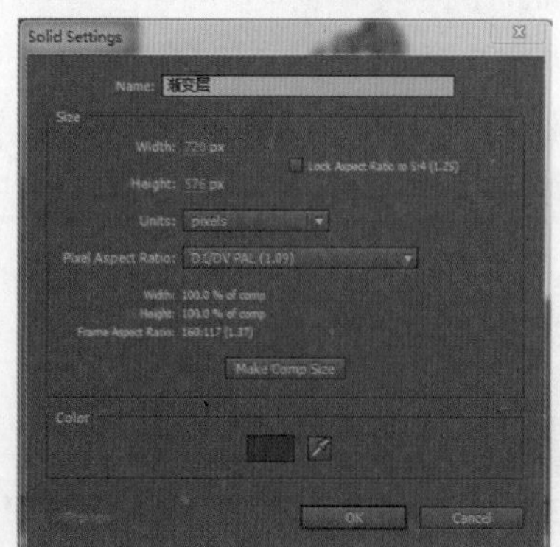


图2-32　固态层设置对话框

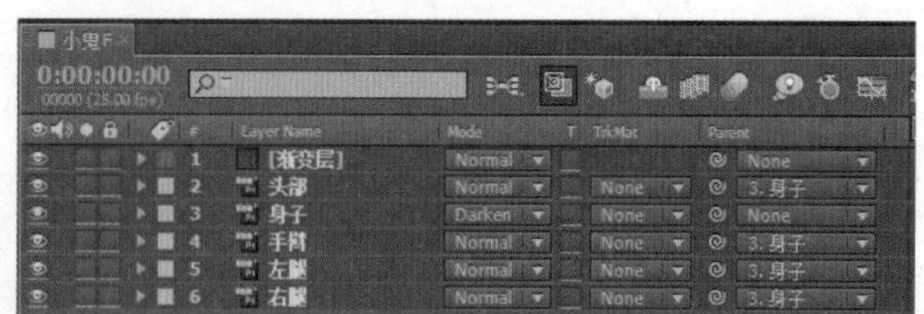


图2-33　时间线中的新图层

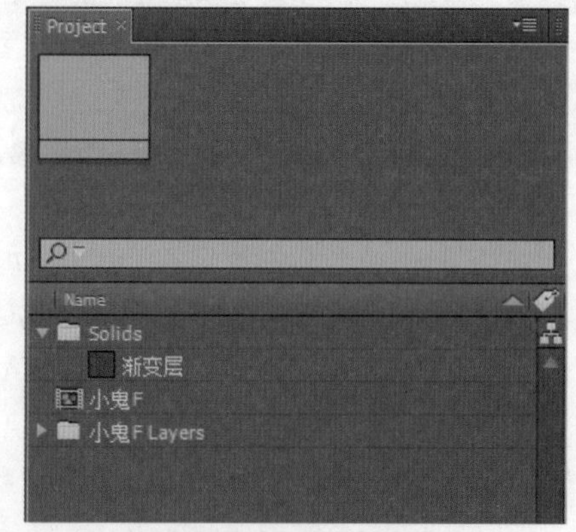


图2-34　项目文件窗口中的新素材

**23** 在时间线编辑区选中图层1“渐变层”，为图层1添加“黑白渐变”特效，选择【Effect】>【Generate】>【Ramp】命令，在原【Project】窗口处会出现新的对话框【Effect Controls：渐变层】（特效设置编辑区），将【Start of Ramp】的参数“360.0，0.0”调整为“360.0，315.0”，如图2-35所示。设置渐变的效果，调整参数前后的对比效果如图2-36所示。

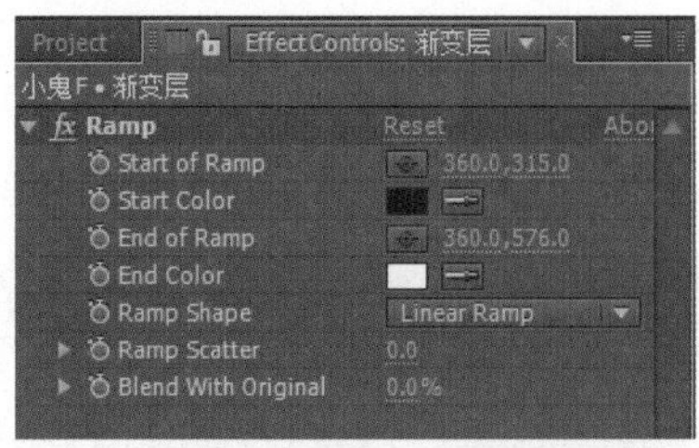


图2-35　设置渐变特效参数

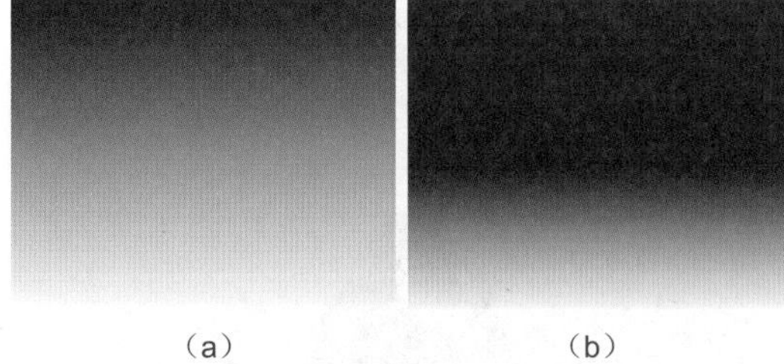

（a）　　　　　　（b）

图2-36　渐变特效参数调整前后对比

24 保持图层1为选中状态，将其合并成为一个新的项目工程文件。选择【Layer】>【Pre-compose】命令，弹出【Pre-compose】[08]对话框，将【New composition name】修改为“渐变层 合并”，选中【Move all attributes into the new composition】按钮，如图2-37所示，单击【OK】按钮完成合并，合并后的图层标识会发生变化，如图2-38所示。

图2-37　将图层文件合并为新的项目

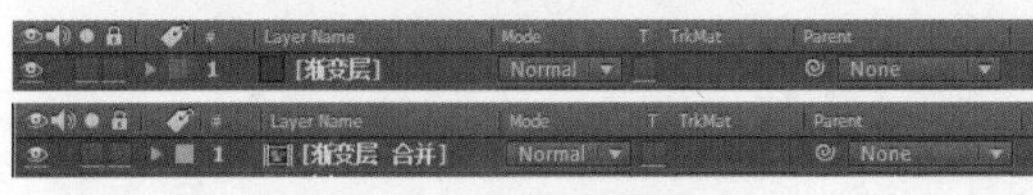


图2-38　合并层前后对比

25 在【Project】窗口中，选中文件夹【Solids】中的“渐变层”素材，按住鼠标左键不放将其拖动至时间线编辑区中，在图层1和图层2中间位置释放鼠标。鼠标指针指向图层位置时，会出现线框提示和一条黑色提示线，如图2-39所示（注意：当层1和层2之间出现黑线，说明新添加的层已经被放至层1下面）。

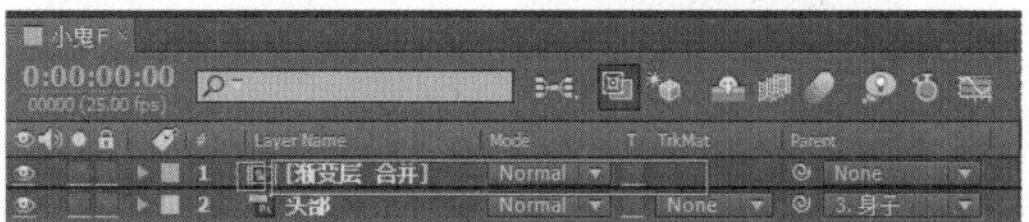


图2-39　添加图层至时间线编辑区指定位置

26 选中时间线编辑区的层2“渐变层”，按【Enter】键激活层命名修改，将层2命名为“蒙版”，如图2-40所示，再次按【Enter】键确认层名称已修改。

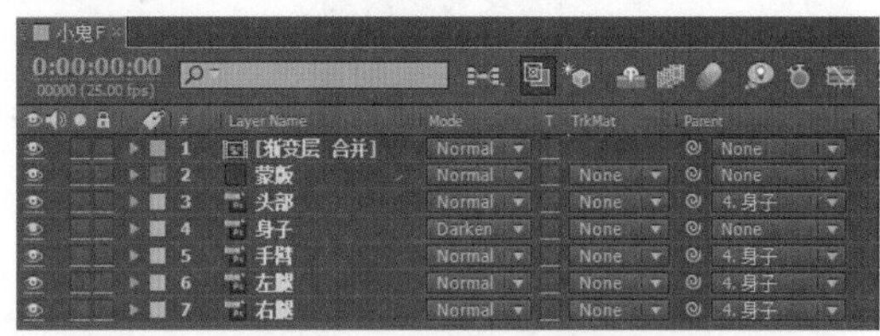


图2-40　修改层文件命名

27 单击层1“渐变层 合并”前的按钮，关闭层1的显示，如图2-41所示。

图2-41　关闭显示

28 选中时间线编辑区中层2“蒙版”，为图层2添加“模糊”特效，选择【Effect】>【Blur & Sharpen】>【Compound Blur】命令，在特效编辑区中将【Maximum Blur】的参数调整为“10.0”，单击【Blur Layer】一栏的三角按钮，如图2-42所示，在弹出的菜单中选择“1.渐变层 合并”选项，完成设置，如图2-43所示。

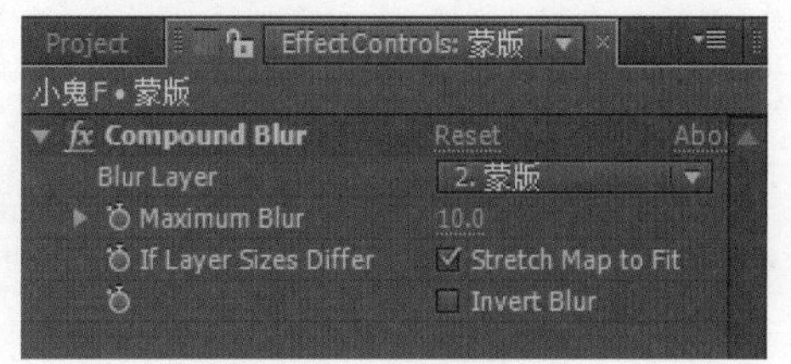


图2-42　设置模糊参数

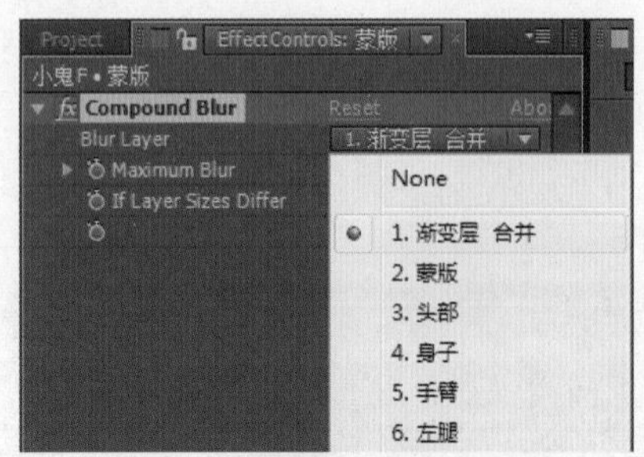


图2-43　选择要模糊的目标图层

29 选中预览区或时间线编辑区层2“蒙版”，单击（蒙版）一栏下的空白方格，激活该层为蒙版，如图2-44所示，激活蒙版后的效果如图2-45所示。

图2-44　激活蒙版

图2-45　激活蒙版后效果对比

通过以上各步骤，基本完成了“小鬼F”的动画设置，保存项目文件后单击数字键盘上的【0】键，预览动画效果。不同角色或动画效果的关键帧的选择与设定都有其特定的动画规律，在处理其他动画效果时，需要事先做好观察和演算工作。通过对现实动作的反复模拟找到其动画规律，才能调整出真实的效果，这是除软件操作以外至关重要的一点。

After Effects

Premiere

# 知识点拓展

## 01 “导入PSD素材”的形态

（1）合并图层后导入

选择【File】>【Import】>【File】命令[a]导入PSD格式的文件素材后，设置对话框中默认的导入方式为【Footage】，如图2-46所示。可以将分层文件合并导入【Project】中，如图2-47所示。直接导入的素材大小要与原图相同，像素比例为1 : 1。

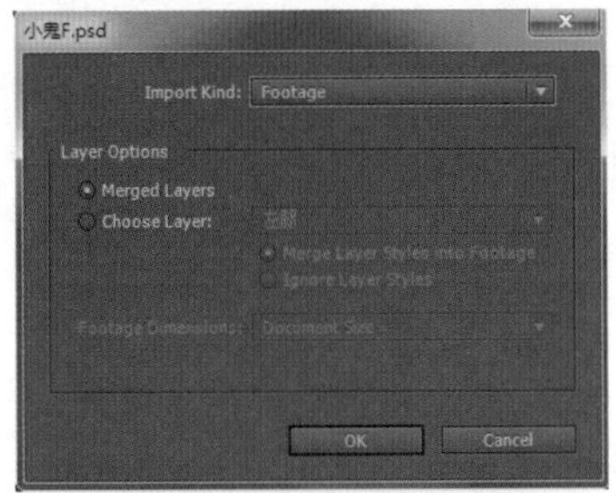


图2-46　PSD分层文件导入

图2-47　PSD文件作为单个素材导入

（2）导入PSD文件为图层

选择导入PSD文件素材后，选择【Footage】模式，在【Layer Options】栏中选中【Choose Layer】单选按钮[b]，可以选择PSD素材中的某个单独图层，并可以选择导入至【Comp】中的图层尺寸为原PSD整体文件大小或是该图层自身的大小[c]，如图2-48所示。

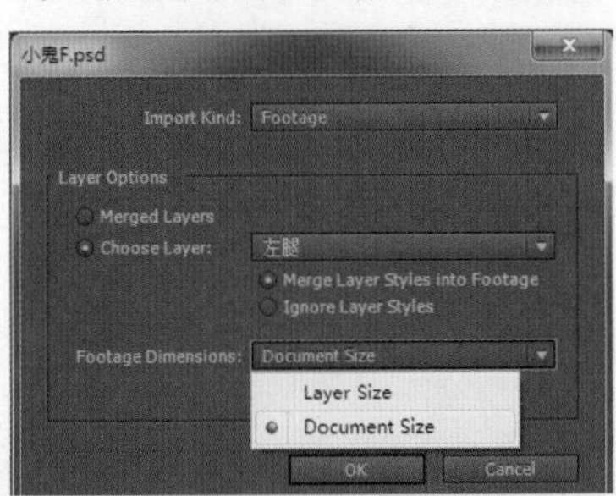


图2-48　导入PSD中的某个图层

（3）作为项目工程文件导入素材

选择导入PSD文件素材后，在设置对话框中选择导入方式为【Composition】，在【Layer Options】选项组中可以设置层的有

**经验**

ⓐ除了使用菜单命令导入素材外，在已经打开的After Effects CS6软件中的【Project】编辑区，双击其空白区域，同样也可以打开导入素材对话框，快捷键为【Ctrl+I】。

**技巧**

ⓑ在【Choose Layer】选项中，【Merge Layer Styles into Footage】可以对原PSD素材中层上所添加的【Style】（样式）进行固态化处理与层合并，导入After Effects CS6中。【Ignore Layer Styles】则忽略原PSD素材中层上所添加的【Style】效果。

**注意**

ⓒ选择【Layer Size】选项导入的图层大小为其自身大小，选择【Document Size】选项导入的图层大小为原PSD整体文件大小。

关属性[d]，如图2-49所示。

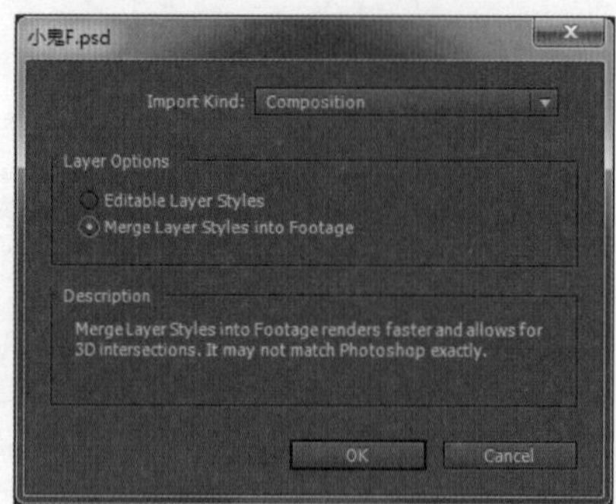


图2-49　以项目工程文件形式导入PSD素材

如果选择导入方式为【Composition-Retain Layer Sizes】[e]，在【Layer Options】选项组中同样可以设置层的有关属性，如图2-50所示。

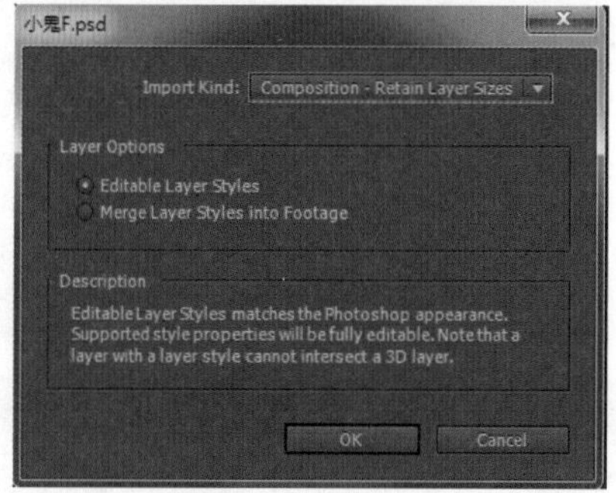


图2-50　以项目工程文件形式导入PSD素材

【Composition】与【Composition-Retain Layer Sizes】同样是以【Comp】模式导入素材，区别在于【Composition】导入的PSD素材，在After Effects CS6中每个图层的大小都与【Comp】窗口的大小相同；选择【Composition-Retain Layer Sizes】模式导入后，After Effects CS6中的每个图层的大小都将保留原始大小。

## 02 保存项目工程文件

文件存储命令主要包括【File】>【Save】、【File】>【Save As】、【File】>【Save a Copy】、【File】>【Save a Copy As XML】等。一般常用的是前两种，对于新建的项目工程文件，编辑后选择【File】>【Save】和【File】>【Save As】[f]两种命令的性质相同；对于打开的项目工程文件，这两种命令则不同，【Save】命令是覆盖编辑前的项目工程文件，而【Save As】是将编辑过的项目工程文件重新命名后进行保存。养成良好的保存习惯非常重要，在项目工程文件编辑过程中要注意随时保存文件[g]。

## 03 设置父子层

(1) 通过菜单命令设定父层

**技巧**

ⓓ选中【Editable Layer Styles】单选按钮，将原PSD素材中，层上所添加的【Style】信息在After Effects CS6中转化为特效，并可以在After Effects CS6中进行调整，在时间线编辑区打开层属性可以找到相关参数。【Merge Layer Styles into Footage】选项可以对原PSD素材中，层上所添加的【Style】(样式)进行固态化处理与层合并。如果PSD素材中带有【3D】相关信息，选中【Live Photoshop 3D】复选框，在导入After Effects CS6后，3D摄像机信息作为层同时导入【Comp】中。

**经验**

ⓔ选择【Composition】导入的素材分层的中心点为PSD文件的中心点，而【Composition-Retain Layer Sizes】导入的素材分层文件的中心点是自身的中心点。

**经验**

ⓕ保存项目工程文件的快捷键为【Ctrl+S】；项目工程文件另存为的快捷键为【Ctrl+Shift+S】，项目工程文件尽量不要保存在系统盘下，而项目命名要符合项目内容，便于以后查找或方便其他人共享文件。

除使用按钮指定父层这种方法，还可以在时间线编辑区中选择【Parent】一栏下拉菜单中的选项作为父层，如图2-51所示。选中图层[h]后，单击该层的【Parent】一栏下的三角按钮弹出快捷菜单，如图2-52所示。

图2-51 指定父层的位置

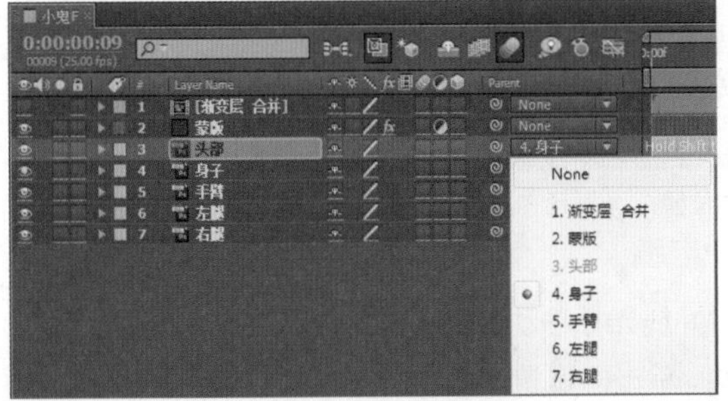


图2-52 通过菜单命令指定父层

(2) 同时设定多个子层

按住【Ctrl】键，分别单击时间线编辑区中的不同图层，选择需要被设定为子层的图层，单击任意被选中图层【Parent】的下拉菜单项都可以同时指定被选层的父层，如图2-53所示。

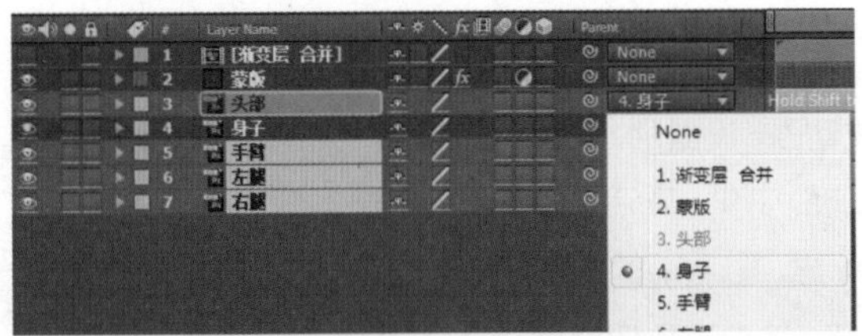


图2-53 同时为多个子层指定父层

在父子层关系中，对父层的属性编辑会影响到子层[i]，而对子层的属性编辑不会影响到父层，父层只能有一个，但是子层可以有多个。

## 04 Transform参数介绍

在时间线编辑区中的每个图层都有【Transform】[j]属性编辑，如图2-54所示，分别是【Anchor Point】(中心点)、【Position】(位置)、【Scale】(缩放)、【Rotation】(旋转)、【Opacity】(透明度)。

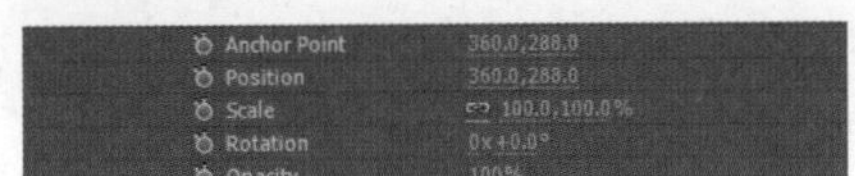


图2-54 Transform参数介绍

**技巧**

ⓖ在项目工程比较大的情况下，可以选择在不同的步骤中保存不同版本，避免中途出现难以处理的错误操作，而导致整个工程文件废除。保存了不同时期的项目工程文件，在遇到这种情况的时候，就可以打开较早前的版本，避免更多的重复工作。

**经验**

ⓗ被选中的层为子层，而在菜单中被选中的层为父层。

**经验**

ⓘ在对父层的属性进行编辑时，只有“透明度”这一属性的变化不会影响到子层。

**技巧**

ⓙ【Anchor Point】快捷键为【A】，【Position】快捷键为【P】，【Scale】快捷键为【S】，【Rotation】快捷键为【R】，【Opacity】快捷键为【T】。值得注意的是，每个属性的快捷键都是其第一个字母，只有透明度的快捷键不同。在使用这些快捷键时，要保证输入法为英文状态，中文状态下是无法使用快捷键的。

## 05 调整时间线光标

(1) 通过数值定位光标位置

在After Effects软件的操作中，时间线的概念是非常重要的，一般称其为【Timeline】。激活时间线编辑区中的黄色时间显示区可以直接通过输入数值改变时间线光标所在的位置，如果是第0:00:00:05帧，可以在左键单击后直接输入数字“5”，如果是第0:00:01:05帧，则可以直接输入数字“105”ⓚ，如图2-55所示。

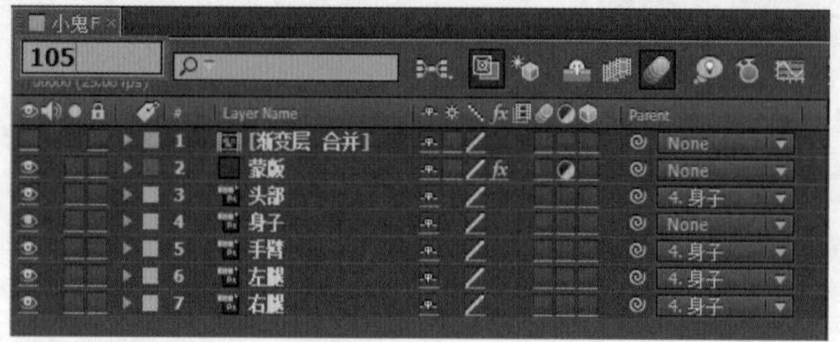

图2-55　通过准确数值移动光标的位置

(2) 通过移动光标定位光标位置

也可以在时间线编辑区中通过直接拖动时间线光标移动其位置①，或者在目标位置点处单击移动光标位置，单击的位置如图2-56所示，只有在这个标尺范围内单击才有效。

图2-56　通过单击移动光标位置

## 06 关键帧

After Effects是通过关键帧的记录来完成动画ⓜ设置的，产生动画有两个要素，一是时间点的改变，二是数值的变化。激活关键帧记录器后，在时间线中会相应出现关键帧标志，图层前的添加关键帧记录器按钮有两个不同方向的三角按钮，单击三角按钮就可以直接跳到前一个或后一个关键帧位置上，避免手动选择出现误差，如图2-57所示。

图2-57　关键帧添加按钮

## 07 预览动画效果

在一个镜头或一段动画处理完成后，可以通过按数字键盘上的【0】键预览动画效果，预览的效果和时间长度与项目工程文件的复杂程度以及计算机硬件有着很大的关系，工程文件越复杂，计算机硬件配置越低，需要预渲染的时间越久，能够预览的时间长度相对也会越短。另外，也可以通过按【Space】键进行画

**经验**

ⓚ选择【File】>【Project Settings】命令，弹出【Project Settings】对话框。将【Display Style】设置为【Frames】，则可以直接输入帧数调整时间线光标的位置。

**注意**

①如果项目工程文件较大或特效比较复杂，直接拖动时间线光标移动位置容易造成死机或软件崩溃。

**注意**

ⓜ这里所指的“动画”不是“动画片”或“卡通片”的概念，而是指所有素材，比如画面或图像所产生的任何变化，也包括声音的变化。

面预览ⓝ。

有时候可以通过降低预览画面质量来提高预览的时长，如图2-58所示。在预览区下方的相应下拉菜单中，可以选择预览画面的质量。

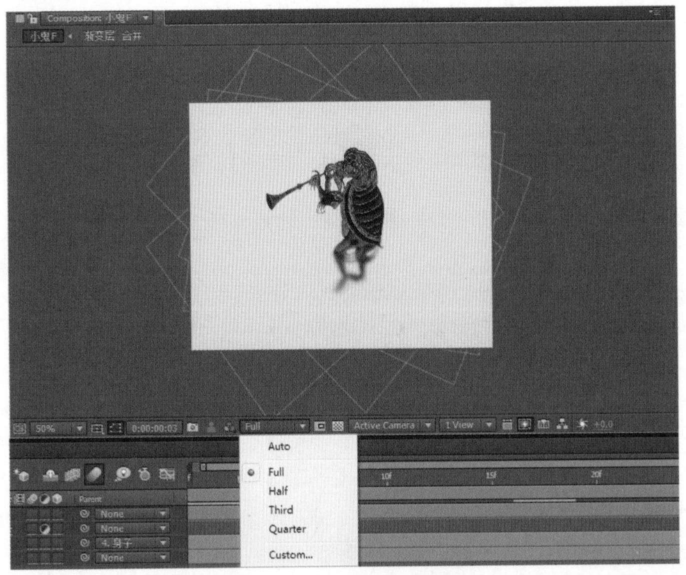


图2-58 设置预览画面的质量

## 08 合并为新的项目工程文件

选择【Layer】>【Pre-compose】命令，弹出【Pre-compose】对话框ⓞ，可以把被选中的图层合并成一个新的【Comp】文件ⓟ，如图2-59所示。

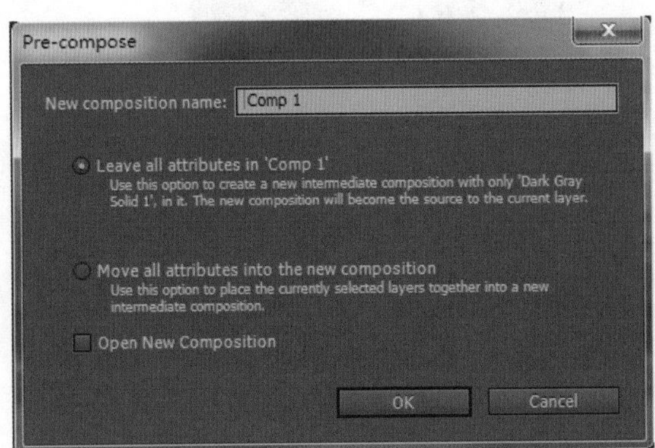


图2-59 合并为项目工程文件对话框

合并为新项目工程文件，可以选择合并多个图层，也可以选择合并单个图层。在【Pre-compose】对话框中，【Leave all attributes in 'Comp1'】是指不合并层文件的特效或动画，而【Move all attributes into the new composition】是指合并层文件所有特效或动画。选中【Open New Composition】复选框则直接打开新合并的项目工程文件。

**技巧**

ⓝ【Space】键预览与【0】键预览是有区别的，【Space】键为直接实时预览；【0】键为预渲染至缓存后进行预览。一般来讲，预渲染后的预览效果比较准确。在大写键【Caps Lock】被激活的状态下，无法预览动画效果。如果遇到预览报错，就要首先检查此项。

**技巧**

ⓞ合并为新的项目工程文件的快捷键为【Ctrl+Shift+C】。

**经验**

ⓟ合并后产生的【Comp】中包含了原有图层，在时间线编辑区或【Project】中双击该文件，打开项目工程文件，在其层编辑区内包含着被合并的图层。

After Effects

Premiere

# 独立实践任务（3课时）

## 任务二　完成小鬼D镜头的动画设置

### 任务背景

该镜头为第三届中国国际动漫节宣传片——皮影戏中的一个重要元素，通过本任务掌握皮影戏动画的模拟制作特点。

### 任务要求

设计制作皮影戏镜头元素之一，设定出蚌壳张合的动画效果，最后定格为肢体缩入蚌壳内，并使用蒙版制作出幕布模糊的效果。要求符合皮影戏的运动规律，效果逼真。

播出平台：多媒体、中央电视台及各地方电视台。

制式：PAL制。

### 任务参考效果图

【技术要领】导入素材；设置关键帧动画；新建固态层；合并为【Comp】；添加特效。

【解决问题】熟悉关键帧动画设置，了解父子层之间的关系，学会使用添加特效功能。

【应用领域】影视后期。

【素材来源】光盘\模块02\素材\小鬼D. psd。

【效果展示】光盘\模块02\效果展示\小鬼D. avi。

## 任务分析

## 主要制作步骤

# 课后作业

1. 填空题

（1）【Composition】>【Background Color】改变的是________颜色。

（2）在时间线编辑区中的每个图层都有【Transform】属性编辑，快捷键分别是________【Anchor Point】、________【Position】、________【Scale】、________【Rotation】、________【Opacity】。

2. 单项选择题

（1）下列选项中，关于删除关键帧的方法错误的是________。

A. 选中要删除的关键帧，选择【Edit】>【Clear】命令

B. 选中要删除的关键帧，取消选中关键帧导航器

C. 选中要删除的关键帧，将其拖出时间线窗口

D. 选中要删除的关键帧，按【Delete】键

（2）________命令是覆盖编辑前的项目工程文件，而________是将编辑过的项目工程文件重新命名后进行保存。

A. Save；Save

B. Save As；Save

C. Save；Save As

D. Save As；Save As

3. 多项选择题

（1）当【Layer】在【Comp】内的时候，下列描述正确的是________。

A. 对Comp的操作会影响到Layer

B. 对Layer的操作会影响到Comp

C. 对Comp的操作不会影响到Layer

D. 对Layer的操作不会影响到Comp

（2）导入PSD这种含有图层的文件，下列描述正确的是________。

A. 可以单独导入PSD中的某个图层

B. 可以同时导入PSD中的任意某几个图层

C. 可以将PSD视作独立素材直接导入

D. 可以将PSD文件直接导入为【Comp】

# 模块

## 天都城微电影
## ——在一起

**能力目标**

掌握After Effects CS6中最新的跟踪功能，置换微电影天空镜头

**专业知识目标**

1. 掌握Track Camera的应用技巧
2. 掌握跟踪信息的应用方法

**软件知识目标**

1. 跟踪与稳定的应用技巧
2. 调节层的应用技巧

**课时安排**

6课时（讲课3课时，实践3课时）

## 任务参考效果图

# 模拟制作任务（3课时）

## 任务一　对外景天空进行置换

### 任务背景

对微电影而言，一个故事，可以更生动地表达内容。

一个好故事，可以让观众印象更深刻。

一个好的爱情故事，可以触动情绪，让观众自动代入并投入。

一个不俗气的好的爱情故事，可以让人回味并自发传播。

《在一起》就是一个尝试，通过一个视角特别、情节新锐的爱情故事，推介一个楼盘、一家公司、一种文化、一类理念。

《在一起》既是对剧情的提炼，也是影片对观众的承诺，同时，还是楼盘对客户的期许。

对设定的电视平台播放和微信及网络传播而言，这样的故事载体是合适的，也是有效的。

### 任务要求

前期拍摄大场景时天空灰暗，没有达到影片预想的效果，如果对天空做一些处理，就会有更好的视觉效果，使画面更加完美。本任务需要置换《在一起》的天空镜头，要求符合运动规律，匹配透视关系，使视觉效果逼真。

播出平台：多媒体，电视台。

制式：PAL制。

### 任务分析

前期拍摄的视频素材不理想时，需要通过后期技术来弥补。本任务首先是用自带特效插件【Track Camera】对运动镜头进行跟踪处理，其次是结合【Pen Tool】工具对运动镜头的天空进行置换。

#### 本案例的重点、难点

【Track Camera】的应用、调节层的使用技巧。

【技术要领】【Track Camera】的应用、调节层的应用。

【解决问题】结合【Track Camera】和【Pen Tool】工具对动态视频的天空进行置换。

【应用领域】影视后期。

【素材来源】光盘\模块03\素材\00001.mov、云12.jpg。

【效果展示】光盘\模块03\效果展示\天都城微电影置换天空.mov。

## 操作步骤详解

### 新建工程文件并导入素材

01 启动After Effects CS6，选择【File】>【Import】>【File】命令，弹出【Import File】（导入素材）对话框，选择“光盘\模块03\素材\00001.mov”素材文件（光盘中提供），单击【OK】按钮完成素材导入。此素材为一段杭州天都城航拍镜头。

02 创建新项目，即New Composition；建立新的项目有两种方法。

方法一：选择【Composition】>【New Composition】命令，快捷键为【Ctrl+N】，可以根据需要来调整项目的参数，如图3-1所示。

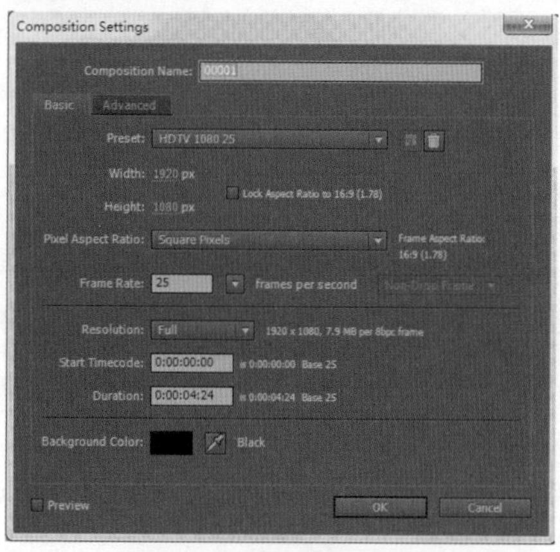


图3-1 项目设置窗口

方法二：直接将导入After Effects的视频素材拖曳至【Project】窗口下方，并单击【Create a new Composition】按钮，如图3-2所示，系统会自动根据视频的大小、尺寸、长度来匹配出一个新的项目。需要修改项目参数的话，可以通过按【Ctrl+K】组合键打开项目参数调整窗口进行修改。

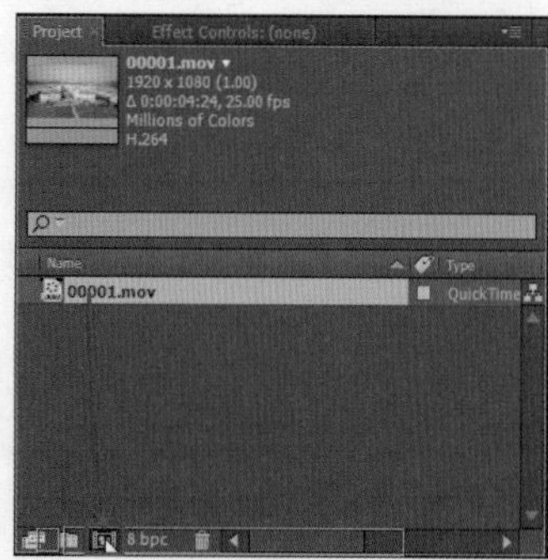


图3-2 快速创建视频项目演示图

### 通过【Track Camera】求出素材的跟踪信息并建立摄像机

03 单击菜单栏【Windows】，如果下拉菜单中的【Tracker】选项下【Tracker】面板中【Track Camera】选项是灰色的，无法被选中，则需要单击时间轴上的视频来点亮，如图3-3所示。单击【Track Camera】选项，等待软件自动运算，如图3-4和图3-5所示。在运算期间不需要任何操作。

图3-3 【Tracker】面板操作

图3-4 【Track Camera】自动跟踪图示第一步

图3-5 【Track Camera】自动跟踪图示第二步

04 运算完毕后，视频上会出现很多的彩色叉，这些彩色叉是视频的跟踪信息，如图3-6所示。

图3-6 【Track Camera】跟踪后的效果

05 单击【Create Camera】按钮，创建一个“3D Tracker Camera”层，如图3-7所示。

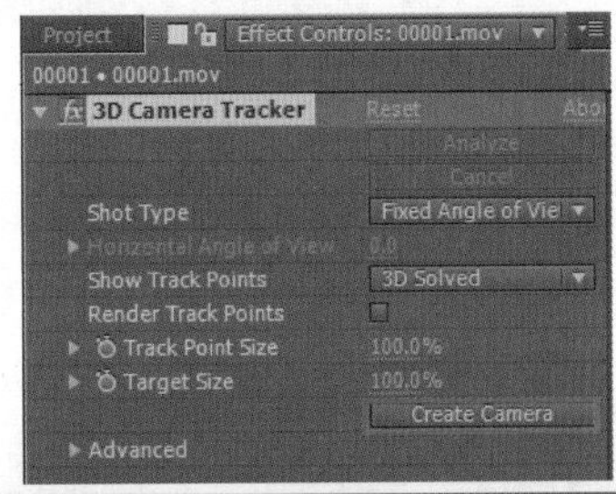

图3-7 创建“3D Tracker Camera”层

## 对镜头的天空进行置换

06 导入“光盘\模块03\素材\云12.jpg”素材文件，按住鼠标左键向下拖曳材料至时间轴区域，释放鼠标，将其置于“3D Tracker Camera”层的下面，如图3-8所示。单击“云12.jpg”层前面的小箭头，展开其属性面板，将【Opacity】（透明度）数值调整为“50%”，如图3-9所示。调整后的效果如图3-10所示。

图3-8 将素材添加至时间轴

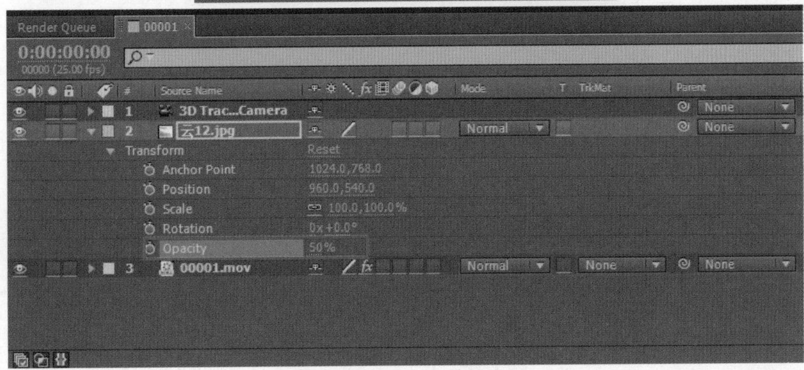


图3-9 调整【Opacity】参数

图3-10　调整后效果

07 用【Pen Tool】（钢笔工具）（快捷键【G】）进行Mask（遮罩）绘制，如图3-11所示。

图3-11　绘制天空遮罩

08 Mask（遮罩）绘制完毕后，在“云12.jpg”层的快捷菜单中打开Mask属性，展开并选择【Mask Feather】（羽化）命令，将羽化值调整为“60.0”，如图3-12所示。

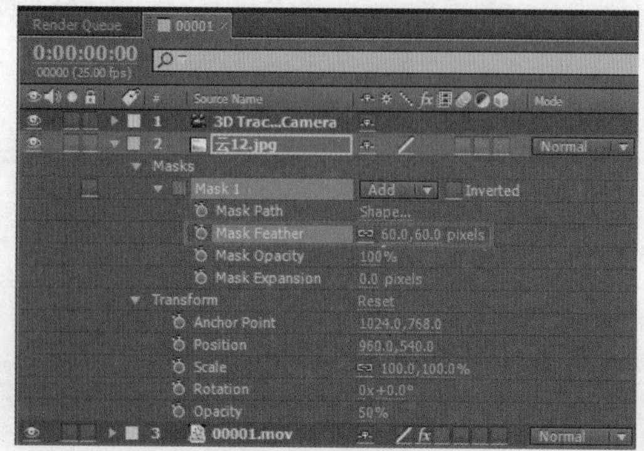


图3-12　调整羽化值

09 选中“云12.jpg”层，单击三维属性按钮，打开3D开关，如图3-13所示。将【Mode】（叠加模式）从【Normal】改为【Multiply】，如图3-14所示。

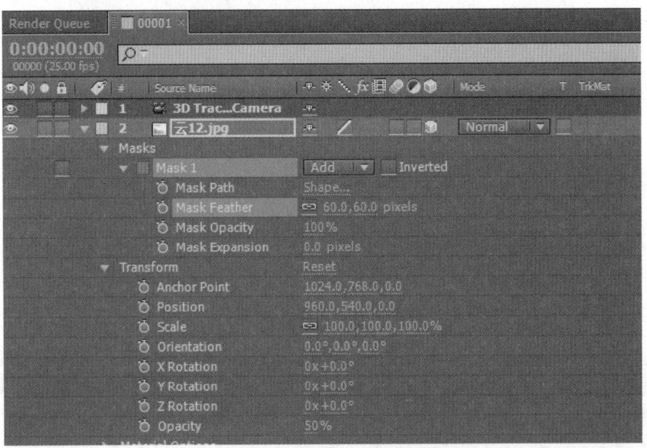


图3-13　单击三维属性按钮

图3-14　调整叠加模式

10 选中“00001.mov”素材层，然后单击效果面板中的【3D Camera Tracker】属性[01]，如图3-15所示。这时跟踪信息[02]会以彩色叉的形式显示出来，按住【Shift】键，用鼠标左键分别单击最远处的三个跟踪信息点（彩色叉），然后单击鼠标右键，在弹出的下拉菜单中选择【Create Solid】（创建固态层）命令，如图3-16所示。

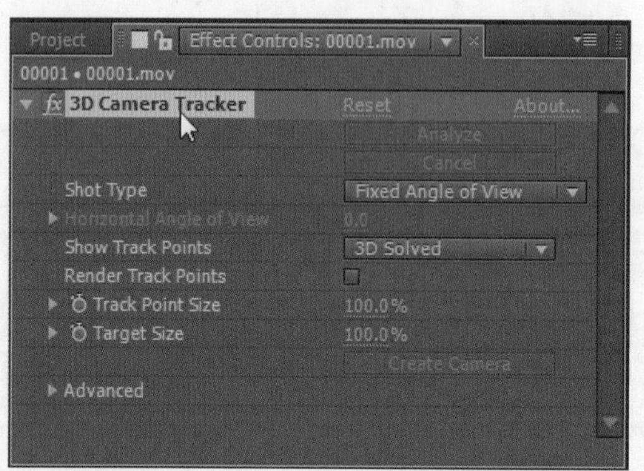


图3-15　单击【3D Camera Tracker】属性

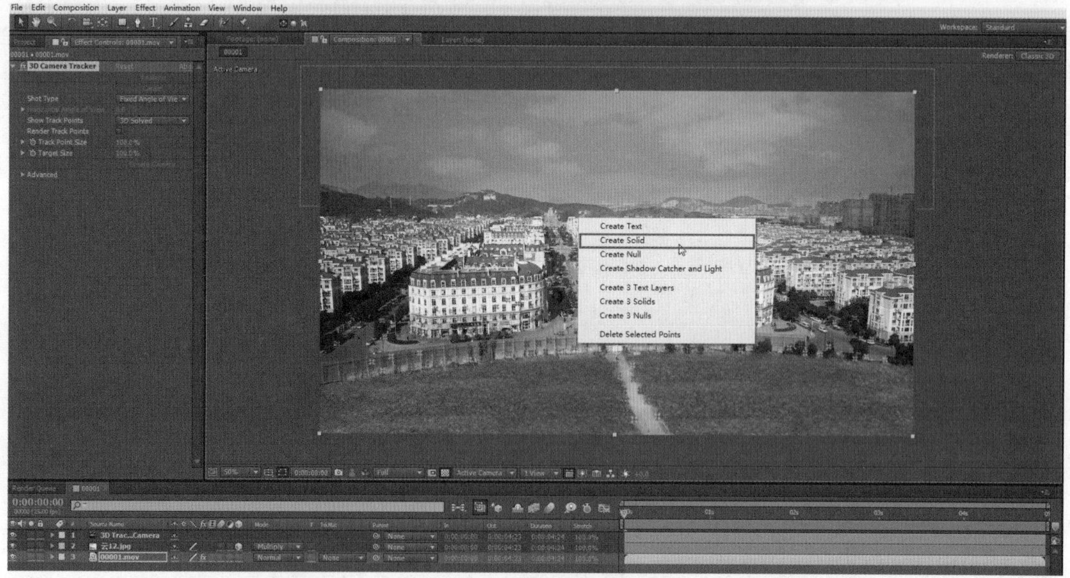


图3-16　创建固态层

11 此时会发现层级栏中多了一个固态层"Track Solid 1"，这个固态层是根据跟踪信息得出来的。选中固态层和"云12.jpg"层，按快捷键【P】，调出【Position】（位置）命令。将固态层【Position】中Z轴的数值"34161.4"复制到"云12.jpg"层的【Position】命令中的Z轴里，如图3-17所示。

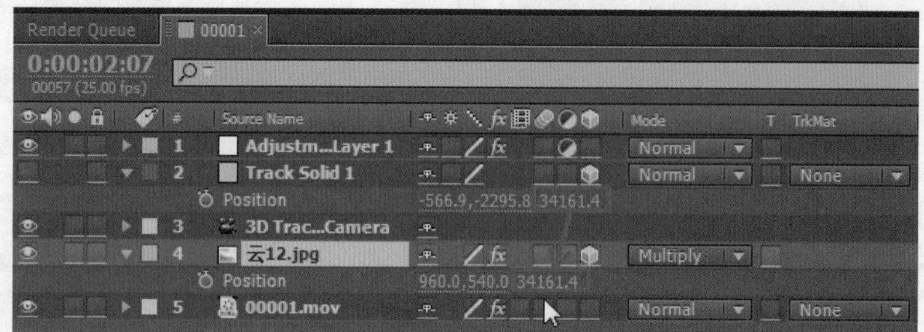


图3-17　复制固态层位置信息

12 此时，云层会瞬间变得很小，且位置有出入，如图3-18所示。继续调整"云12.jpg"层的属性。选中"云12.jpg"层，按快捷键【S】，调出"云12.jpg"层的【Scale】（图层大小）属性。通过调整【Scale】的数值来改变云的大小，让云回到原来的位置。调整参数为"1647.0,1647.0,1647.0%"，如图3-19所示。调整后的效果如图3-20所示。

图3-18　云层变小后的效果

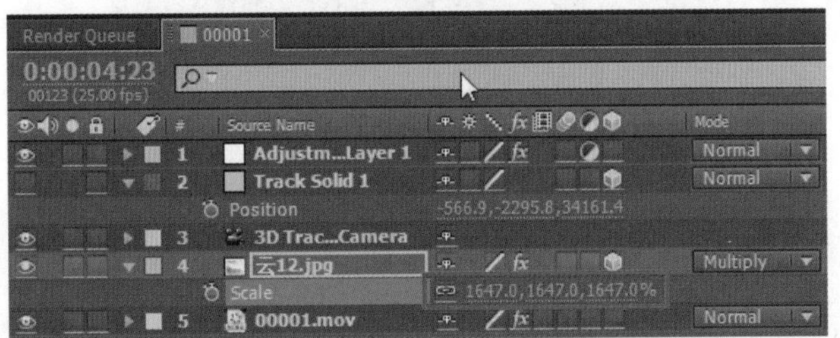


图3-19　调整【Scale】属性参数

图3-20　参数调整后的效果

## 通过【Curves】命令调整画面整体亮度

13 在空白处单击鼠标右键会弹出下拉菜单，选择【New】>【Adjustment Layer】命令，如图3-21所示，层级窗口中会多一层名为“Adjustment Layer 1”的调节层。

14 选中调节层“Adjustment Layer 1”，选择【Effect】>【Color Correction】>【Curves】命令，使用【Curves】（曲线）工具对画面进行亮度调节，如图3-22所示。最后将之前建立的固态层“Track Solid 1”隐藏，即单击“眼睛”图标让其消失，如图3-23所示。

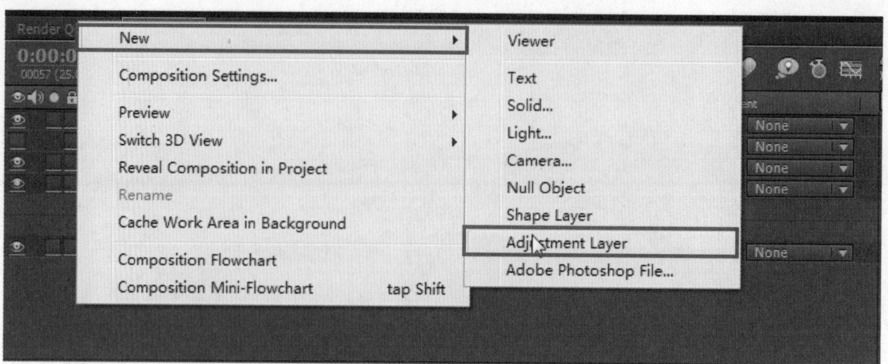


图3-21　建立调节层

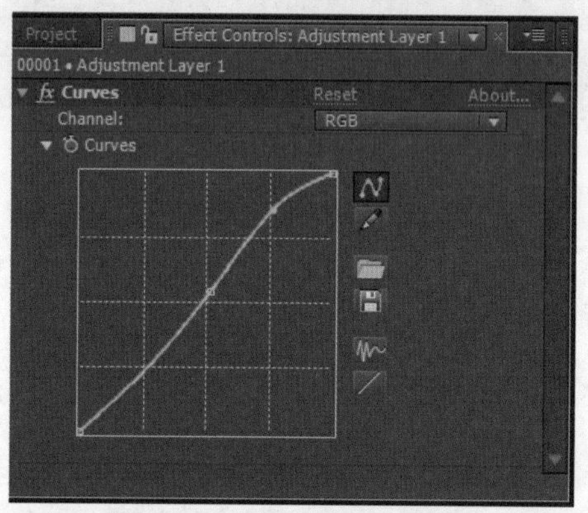


图3-22　调整【Curves】参数

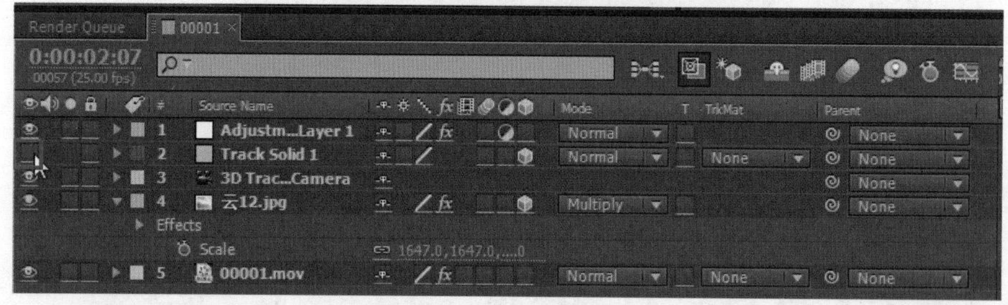


图3-23　隐藏固态层

通过以上的操作，对原先效果并不是很好的镜头进行修正，可以使镜头变得更加漂亮，最终效果可见任务一的任务参考效果图。作为After Effects CS6的新工具，Track Camera功能大大提高了影片的后期制作效率，它是学习影视后期必须要掌握的技能之一。

# 知识点拓展

### 01【3D Camera Tracker】工具介绍

在【3D Camera Tracker】的界面中可以看到灰色的【Analyze】和【Cancel】两个选项。【Analyze】表示重新跟踪；【Canecl】表示取消跟踪，如图3-24所示。当发现镜头跟踪中途出错时，可以分别按这两个键重新跟踪或取消跟踪。

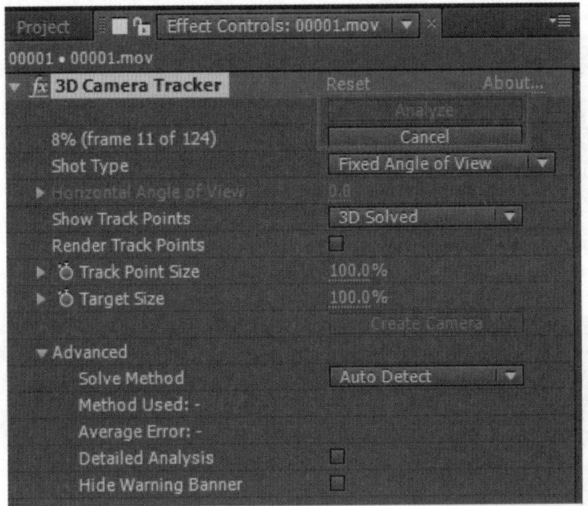


图3-24 【Analyze】和【Cancel】选项

【Shot Type】（摄像机的类型）里一共有3个选项，如图3-25所示。【Fixed Angle of View】是指固定角度视角（默认摄像机焦距不变，只求出摄像机位置移动所产生的跟踪信息）。【Variable Zoom】是指变量焦距，在拍摄推拉镜头时，一般会用到三种方法。1. 变动焦距；2. 移动摄像机的位置；3. 在变动焦距的同时移动摄像机的位置。当使用变量焦距的时候，【3D Camera Tracker】工具会创建一个带有变焦[ⓐ]和位移的摄像机。【Specify Angle of View】是指可变视角[ⓑ]。这三个选项需要根据被跟踪对象来选择，一般情况下选择默认的【Fixed Angle of View】选项。

【Show Track Points】选项很有意思，默认选项是【3D Solved】，使用时会发现彩色跟踪信息点的大小根据离摄像机的远近发生着变化；而【2D Solved】[ⓒ]则是无论远近，彩色跟踪信息点的大小都一样。【Render Track Points】表示渲染跟踪轨迹点；【Track Points Size】表示跟踪点的尺寸；【Target Size】表示红色目标的尺寸。

最后展开【Advanced】（高级）选项，如图3-26所示。【Solve Method】（不同镜头的跟踪解决方法）里面有四个选项，如图3-27所示。【Auto Detect】是指自动检查并使用镜头；【Typical】是指典型的镜头；【Mostly Flat Scene】是指大部分运动比较稳定的镜头；

**注意**

ⓐ因为变焦的范围不可定，所以变量焦距在使用的时候误差较大。通常情况下，在明确焦距和摄像机位置都发生变化的时候才使用。

**注意**

ⓑ当选择这个选项进行跟踪时，【Shot Type】下面的【Horizontal Angle of View】会亮起，初始角度数值是按之前的标准计算出来的，可以对这个数值进行修改，以达到自己想要的效果。

**经验**

ⓒ当电脑卡顿时，可以选择【2D Solved】，这样可以减轻电脑运算压力，同时也能防止点与点之间的遮挡。

【Tripod Pan】是指固定镜头。一般情况下，用【Auto Detect】就会自动选择出合适的镜头。当发现跟踪结果不是很理想的时候，可以通过改变镜头的方法来解决。【Detailed Analysis】是指细致跟踪ⓓ。【Hide Warning Banner】是指隐藏运算提示。

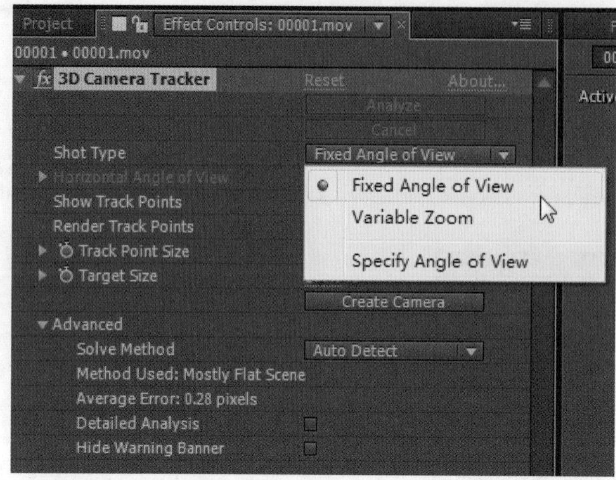


图3-25 【Shot Type】选项

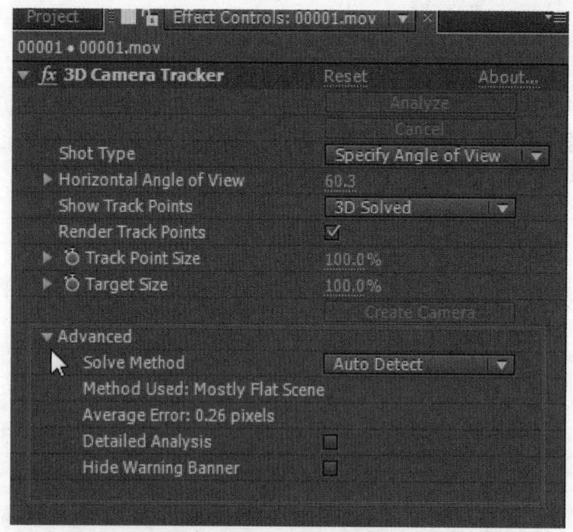


图3-26 【Advanced】选项

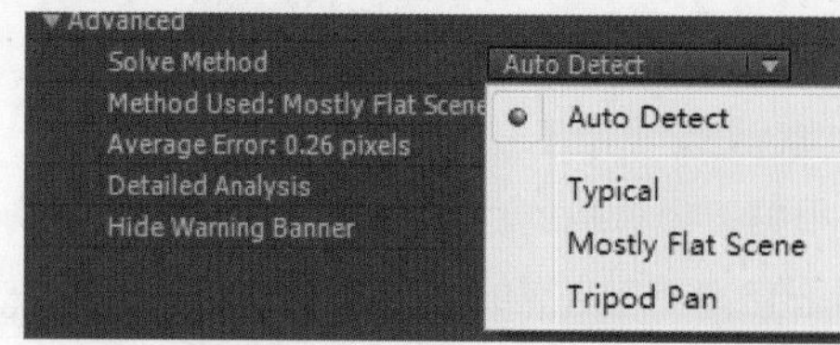


图3-27 【Solve Method】选项

## 02 跟踪信息的用法

对视频进行“Track Camera”处理后，会出现很多彩色叉（跟踪信息）。当拖动时间线上的光标ⓔ，它们会跟随各自的像素点移动。将鼠标移动到较为密集的点上，系统会自动模拟出平面ⓕ，如图3-28所示。

**经验**

ⓓ在跟踪信息点不足的时候，细致跟踪可以获得更多的彩色跟踪信息点。

**注意**

ⓔ当选中需要跟踪的一个或多个点的时候，要拖动光标，观察这个点是否在跟踪时发生偏移，如果出现错乱的偏移会影响跟踪的准确性。

**经验**

ⓕ也可以通过按住【Ctrl】键或者【Shift】键，单击3个或者3个以上的点来创建模拟平面。

图3-28　系统自动模拟平面

创建好模拟平面后，单击鼠标右键，会弹出一个下拉菜单，如图3-29所示，可以根据自己的需求来选择相应的选项。

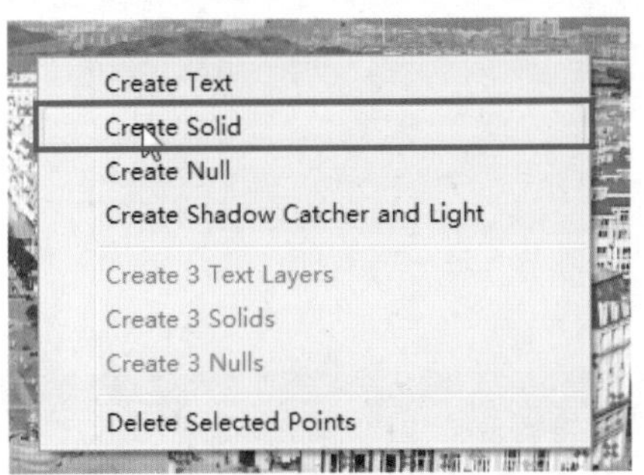


图3-29　创建及删除跟踪信息窗口

下面简单解释一下这些选项。

【Create Text】：在所选面上建立文字层。当选择这一选项的时候，层级栏会增加一个文字层。直接输入文字，文字的位置就是当时建立参考面的位置。

【Create Solid】：在所选面上建立固态层，这一选项更适合合成平面素材。

【Create Null】：在所选面上建立一个只带属性却不显示的空物体，它可以当作“参考物”。

【Create Shadow Catcher and Light】：建立一个阴影捕捉的平面和一个灯光层。

【Create 3 Text Layers】：在3个点的位置分别建立文字层。

【Create 3 Solids】：在3个点的位置分别建立固态层。

【Create 3 Nulls】：在3个点的位置分别建立空物体。

【Delete Selected Points】：删除所选的点。

# 独立实践任务（3课时）

## 任务二　对航拍镜头天空进行置换

### 任务背景

在微电影中，对单个镜头的要求很高，很多镜头需要对天空进行置换，让画面看上去更漂亮。根据镜头的质量、运动方式等来选择合适的跟踪方式尤为重要。同样也是《在一起》微电影中的一个需要置换天空的镜头，掌握置换天空的思路，寻找方法，就能很轻松地将镜头美化。

### 任务要求

拍摄带有天空的镜头时，天空的质量取决于天气，只是这种不定因素往往很难控制。本任务需要置换《在一起》中的天空镜头，要求符合运动规律，匹配透视关系，使视觉效果逼真。

播出平台：多媒体，电视台。

制式：PAL制。

### 任务参考效果图

【技术要领】【Track Camera】应用、调节层的应用。

【解决问题】结合【Track Camera】与【Pen Tool】工具对动态视频的天空进行置换。

【应用领域】影视后期。

【素材来源】光盘\模块03\素材\00006_1.mov、蓝天2.jpg。

【效果展示】光盘\模块03\效果展示\置换航拍镜头的天空.mov。

## 任务分析

## 主要制作步骤

# 课后作业

1. 填空题

（1）Adobe After Effects CS6中新加入的【Track Camera】工具，只能作用于________上。

（2）置换好的天空用________叠加模式会更加逼真且不容易穿帮。

2. 单项选择题

（1）通过【Track Camera】能求出图层的_______信息。

A. x轴坐标　　B. y轴坐标

C. z轴坐标　　D. x轴、y轴、z轴坐标

（2）对画面进行调色时，要对_______层使用【Curves】特效。

A. Solid　　B. Null　　C. Track Solid　　D. Adjustment Layer

3. 多项选择题

不显示某层和它所产生效果的方法有_______。

A. 将透明度改为“0%”

B. 单击层前面的小眼睛，让其消失

C. 选中该层，然后按【Ctrl+D】组合键

D. 删除该层

4. 简答题

简述在任务一的第9步中为什么要将云层的三维属性按钮打开，如果不将“云12.jpg”层改为三维层，又会出现什么样的效果。

# 模块

## 栏目片头制作

## ——新动影擎（上）

**能力目标**

掌握平面素材在影视片头中的应用

**专业知识目标**

1. 掌握使用Photoshop软件制作素材的方法
2. 掌握透明通道以及灯光层的概念

**软件知识目标**

1. Mask绘制方法与属性调整
2. 层叠加概念与应用
3. 时间线编辑区扩展属性

**课时安排**

6课时（讲课3课时，实践3课时）

## 任务参考效果图

# 模拟制作任务（3课时）

## 任务一　片头制作（上）

### 任务背景

《新动影擎》是新动传媒的一个栏目片头。由于新动传媒的标志是一个箭头和方框的组合，本任务将挑选其中的箭头元素作为贯穿整个片头的标志图形。前景中的箭头采取了金黄色，与淡紫色搭配时非常协调，也更能突出主体。

### 任务要求

通过后期制作软件的处理手段和技术方法，利用平面元素制作出一条能充分体现栏目内容以及新动传媒特色的片头。

播出平台：电视台。

制式：PAL制。

### 任务分析

因为我们要制作影视类栏目，所以必须突出影视的特点。镜头的设计思路是箭头在光线照射的背景上穿梭游弋，体现出新动传媒移动的特点。昏暗的电影院里放映机投射出的那束明亮晃动的光线和半透明的电影胶片是最为熟悉和经典的电影印象，在制作这个片头时选择了这两个元素作为组成片头动画的一部分。在色彩上，为了突出影院的画面感觉，背景统一处理成了黑色，加上淡紫色调的背景灯光，可以加强影院的效果。

### 本案例的重点、难点

通过添加灯光层，可以调整项目中的元素使其符合片头要求。

【技术要领】素材的制作和准备；添加灯光层；Mask的应用。

【解决问题】通过三维层与灯光层的调整与应用改变素材效果。

【应用领域】影视后期。

【素材来源】光盘\模块04\素材。

【效果展示】光盘\模块04\效果展示\新动影擎（上）.mov。

### 操作步骤详解

#### 胶片素材分析与制作

01 启动Photoshop CS6软件，选择【File】>【Open】命令，弹出【Open】对话框，选择“模块04\素材\

底片素材.jpg”素材文件（光盘中提供），单击【打开】完成素材导入。这张图片的形状可以表现出胶片的外形，但它本身并没有透明通道[01]来表现透明度，需要对其进行处理，使胶片具有透明效果。如图4-1所示，在【Layers】（层）编辑区双击素材，弹出【New Layer】对话框，如图4-2所示，单击【OK】按钮完成图层属性转换，将背景层转化为可编辑层文件，如图4-3所示。

02 选择工具面板【Magic Wand Tool】（魔棒）工具，如图4-4所示，单击图片素材中任意一个“胶片孔”区域，按住【Shift】键继续单击以选择其他胶片孔，如图4-5所示，虚线框内为选中的区域。

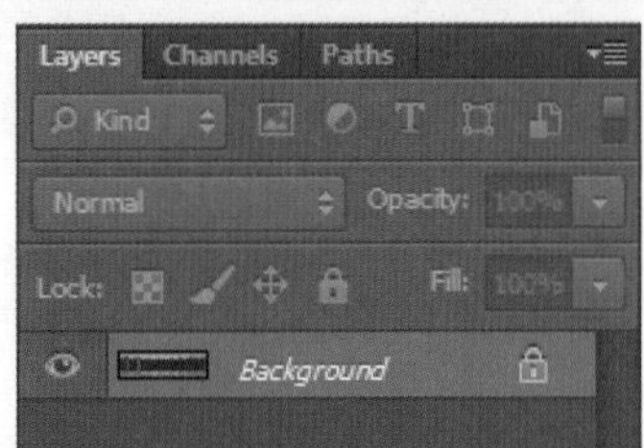

图4-1 新建项目工程文件

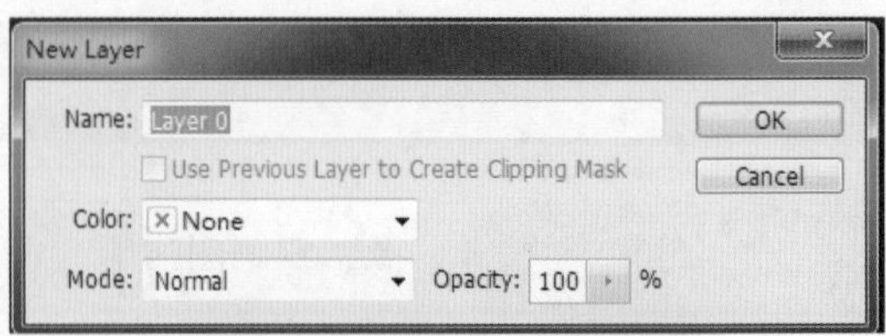

图4-2 【New Layer】对话框

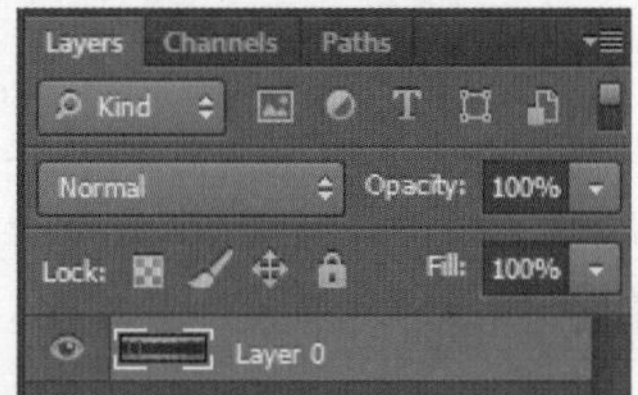

图4-3 转化为可编辑层文件

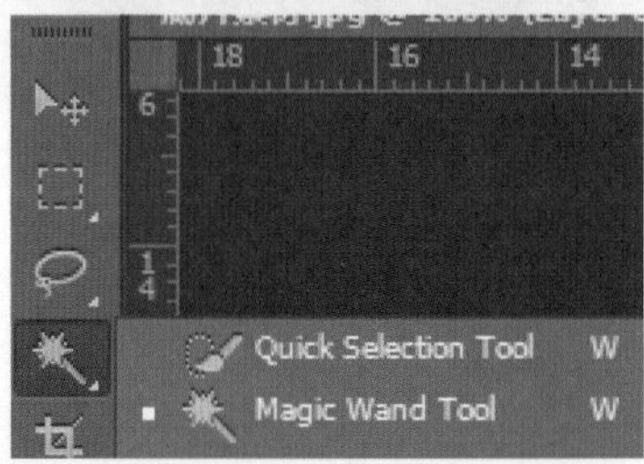

图4-4 选择【Magic Wand Tool】工具

图4-5 选择其他胶片孔

03 按【Delete】键，删除被选中区域内的图像，效果如图4-6所示。选择【File】>【Save】命令，弹出【Save As】窗口，将素材命名为“底片素材”并以“PSD”格式保存至硬盘。

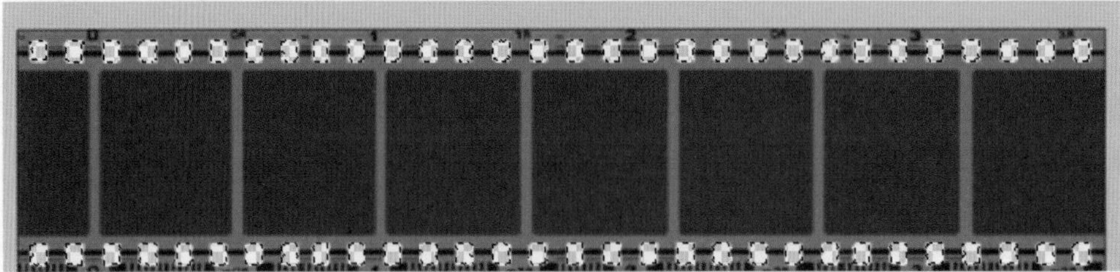
图4-6 删除被选中区域内的图像

04 选择工具面板中的【Rectangular Marquee Tool】工具，如图4-7所示，单击图片中的任意区域，取消胶片孔虚线框的选择，再框选胶片暗格区域，选取时注意留出足够的边缘，选择好区域后，右击图片，在快捷菜单中选择【Feather】命令，如图4-8所示，弹出【Feather Selection】对话框，如图4-9所示，调整参数为“5”，单击【OK】按钮完成设置，效果如图4-10所示。

After Effects
Premiere

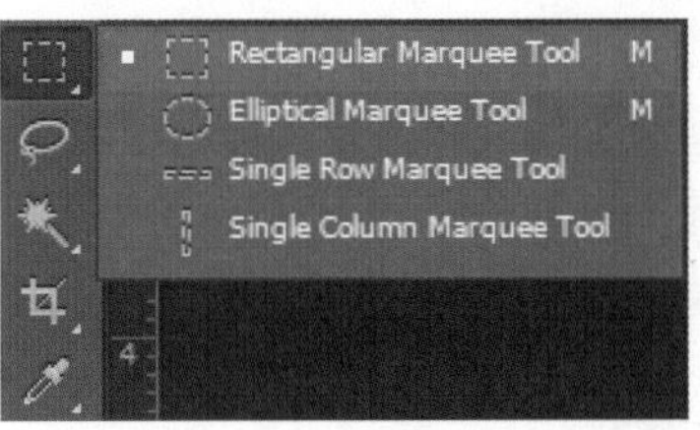


图4-7　选择【Rectangular Marquee Tool】工具

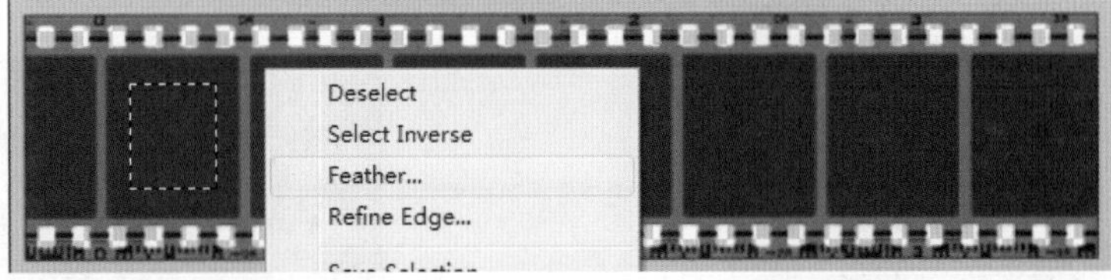


图4-8　快捷菜单命令

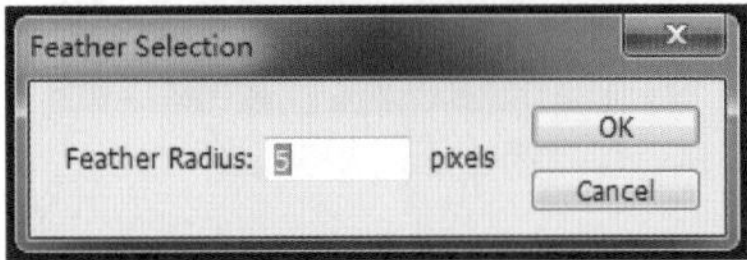


图4-9　【Feather Selection】对话框

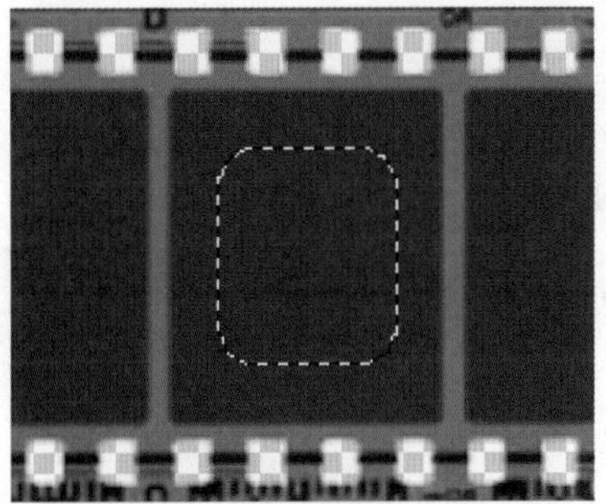

图4-10　最终选取区域效果

05 按【Delete】键，删除被选中区域内的图像，效果如图4-11所示。按住【Shift】键的同时连续按【→】键，向右平移选框至下一个胶片暗格，释放【Shift】键，按【→】键或【←】键调整选框至暗格中间位置，按【Delete】键，删除被选中区域内的图像，效果如图4-12所示。

图4-11　删除选区内图像效果

图4-12　选择并删除第二个暗格区域效果

06 重复以上步骤，调整选择虚线框并删除其他暗格的图像，效果如图4-13所示。单击【Layers】编辑区下方的 按钮，新建图层“Layer 1”，如图4-14所示。单击图层“Layer 1”并将其拖至图层“Layer 0”下方后释放鼠标，效果如图4-15所示。

图4-13　删除暗格图像效果

图4-14　新建图层

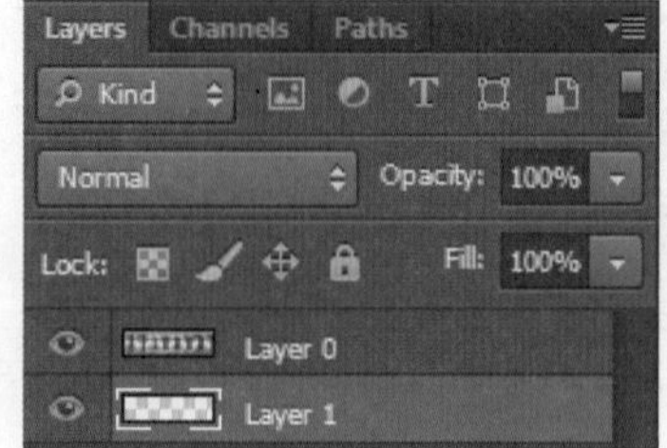


图4-15　调整层的位置

07 选择工具面板中的【Paint Bucket Tool】工具，如图4-16所示，单击色彩设定按钮，弹出【Color Picker】对话框，如图4-17所示，选择颜色为黑色，单击【OK】按钮完成设置，设置填充色为黑色。保证“Layer 1”层为选中的情况下，单击图片为该图层填充颜色。单击【Layers】编辑区【Opacity】参数选项的三角图标，调整其参数为“50%”，如图4-18所示，模拟制作出胶片半透明效果。

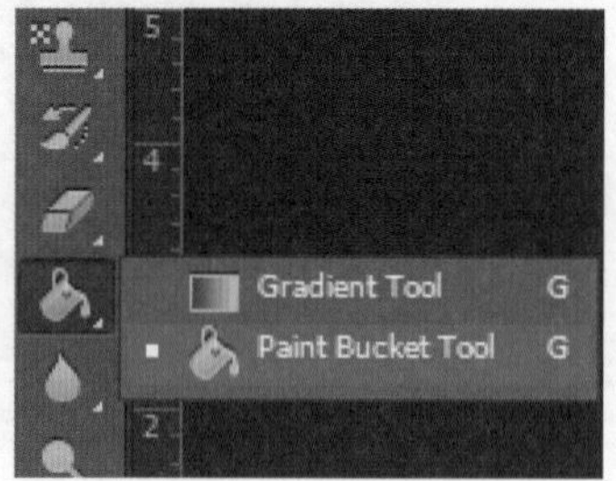


图4-16　选择工具

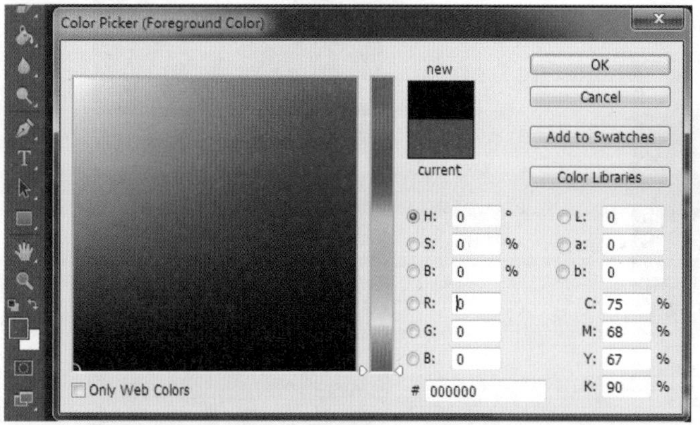


图4-17　设置填充色为黑色

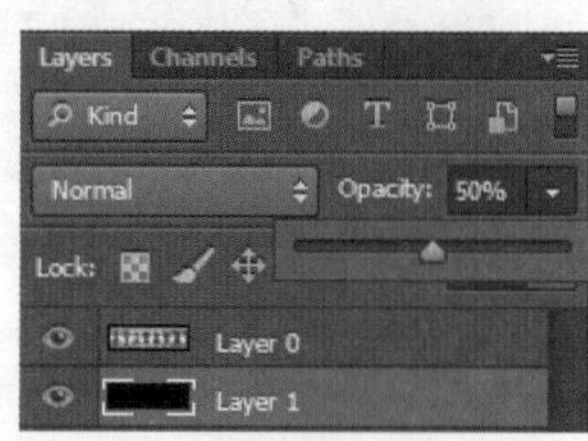


图4-18　调整层的透明度参数

08 选择工具面板中的【Rectangular Marquee Tool】工具，设定选区为暗格区域，如图4-19所示。右击图片，在快捷菜单中选择【Select Inverse】命令，如图4-20所示，按【Delete】键删除不需要的图像，效果如图4-21所示。

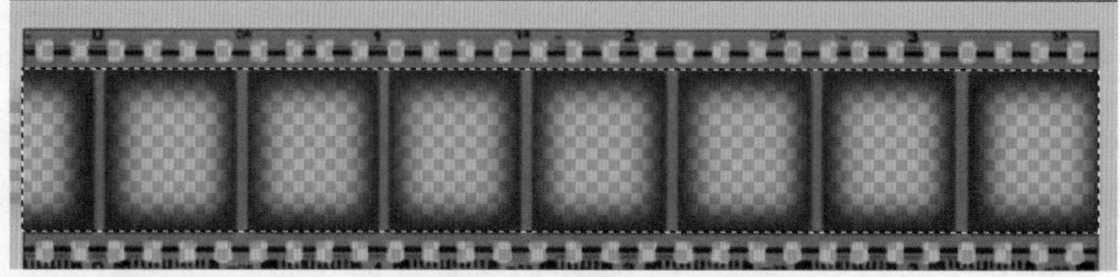

图4-19　选择暗格区域

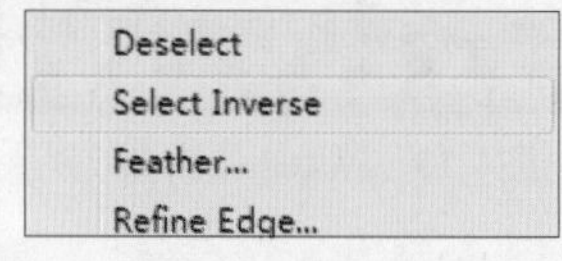


图4-20　选择【Select Inverse】命令

图4-21　反选后删除图像效果

09 选择工具面板中的【Crop Tool】工具，如图4-22所示，选择胶片区域，如图4-23所示，按【Enter】键剪裁图片。选择【Image】>【Canvas Size】命令，如图4-24所示，弹出【Canvas Size】对话框，如图4-25所示，设置【Width】为“35.34”（原参数两倍长度），设置【Anchor】（图片形式）为“居中靠前”，单击【OK】按钮完成设置。

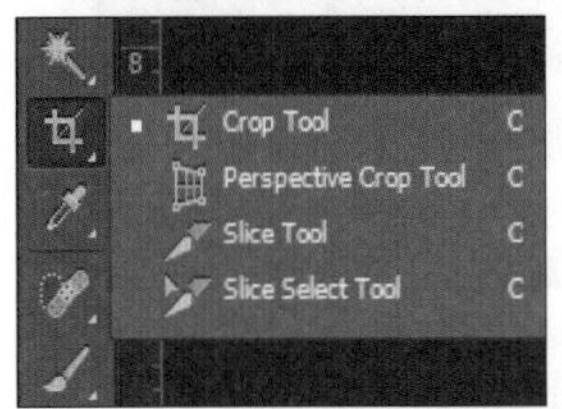


图4-22　选择【Crop Tool】工具

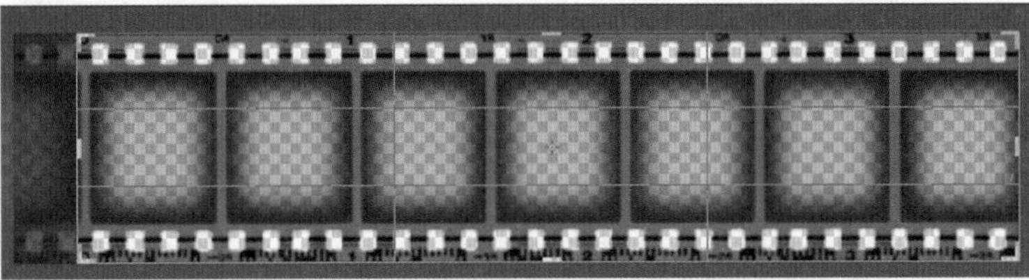

图4-23　选择需要保留图像的区域

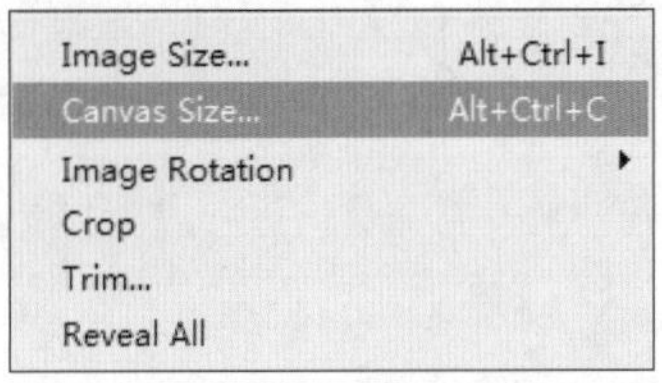


图4-24　选择【Canvas Size】命令

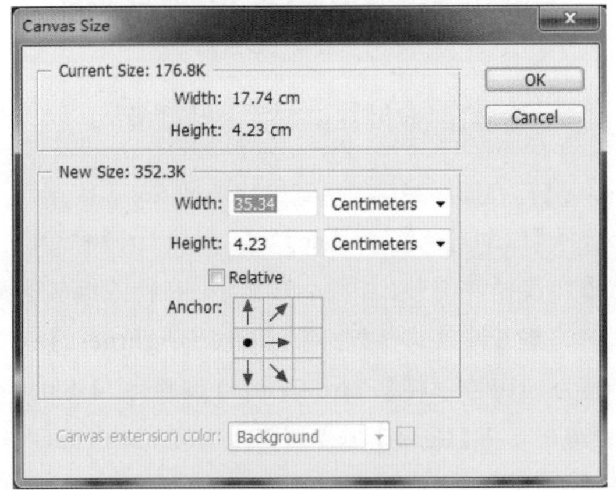


图4-25　设置素材长度参数

10 在【Layers】编辑区右击“Layer 0”层，在快捷菜单中选择【Merge Down】命令，合并图层，如图4-26所示。选中合并后的层文件，按住鼠标左键向下拖曳至【新建图层】按钮上，释放鼠标，复制粘贴新的图层“Layer 1 copy”，如图4-27所示。选择工具面板中的【Move Tool】工具，按住【Shift】键平移层“Layer 1 copy”文件至右侧，加长胶片的长度。按【←】或【→】键调整层的细微位置，右击“Layer 1 copy”层文件，在快捷菜单中选择【Merge Down】命令合并图层，效果如图4-28所示，按【Ctrl+S】组合键保存文件至硬盘，完成素材的制作。

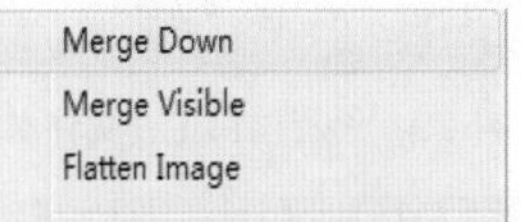


图4-26　合并图层

图4-27　复制粘贴图层

图4-28　胶片素材制作完成效果

## 新建工程文件并导入素材

11 启动After Effects CS6，在引导页对话框中选择【New Composition】选项，弹出【Composition Settings】对话框，将【Composition Name】命名为“sc4”，设定【Preset】为“PAL D1/DV”，设定【Resolution】为“Full”，设定【Duration】为“0:00:10:00”，如图4-29所示。单击【OK】按钮完成项目工程文件的设置，按【Ctrl+S】组合键将项目文件命名为“sc4.aep”并保存至硬盘。

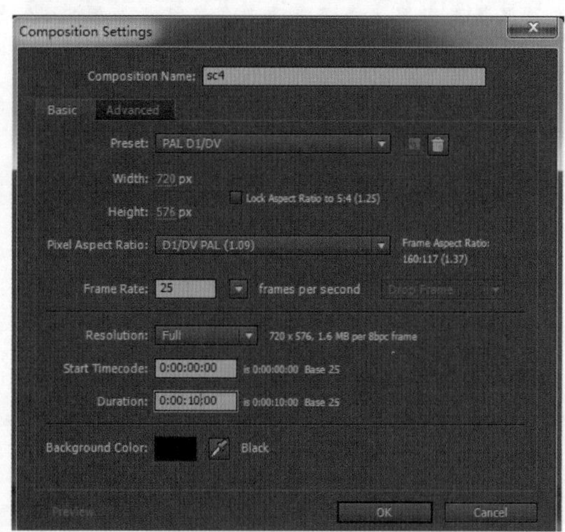


图4-29　设置项目工程文件参数

12 选择【File】>【Import】>【File】命令，弹出【Import File】对话框，选择“模块04\素材”路径下的PSD格式的素材文件，如图4-30所示，选择【Straight-Unmatted】模式，单击【OK】按钮完成素材的导入。

13 单击激活时间线编辑区，按【Ctrl+Y】组合键，弹出【Solid Settings】对话框，设置【Color】为黑色，如图4-31所示。单击【OK】按钮建立一个新的固态层。按【Ctrl+S】组合键保存工程项目文件至硬盘。

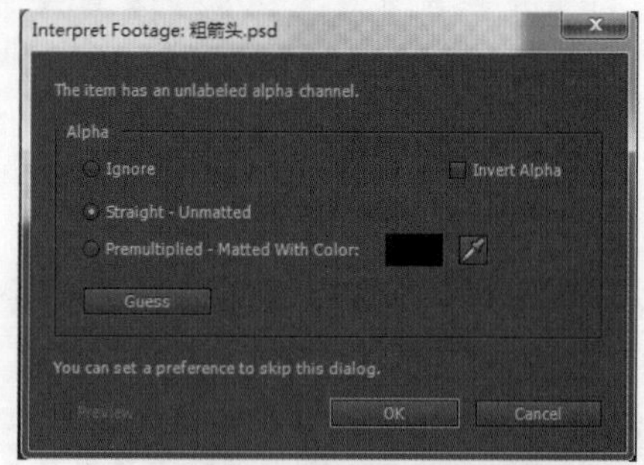


图4-30　选择PSD图片导入模式

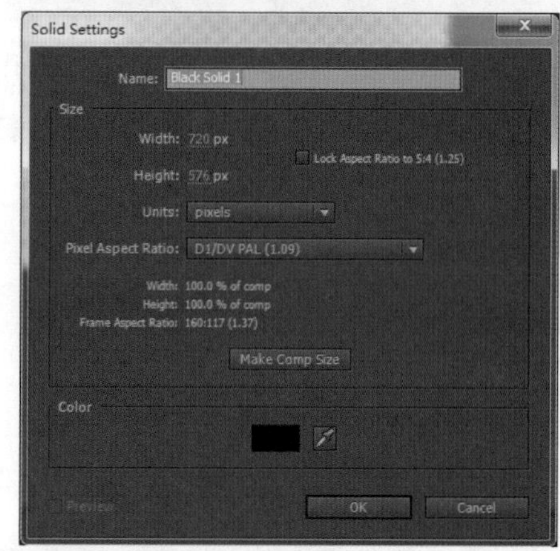


图4-31　设置【Color】

## 模拟设置灯光效果并设定关键帧动画

14 在时间线编辑区选中“Black Solid 1”层，选择【Effect】>【Generate】>【Lens Flare】命令，添加该插件特效。如图4-32所示，在特效编辑区中调整该特效的参数，将【Flare Brightness】调整为“112%”，将【Flare Center】调整为“438.0, 280.0”，将【Lens Type】调整为“105mm Prime”模式，效果如图4-33所示。

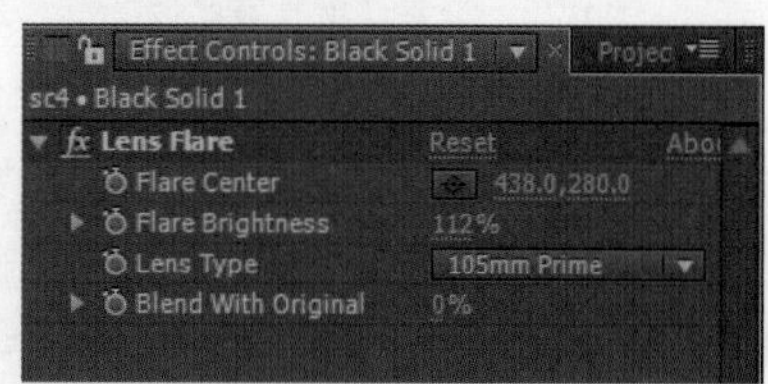


图4-32　设置插件参数

图4-33 调整设置后的灯光效果

15 在特效编辑区中任意空白处右击鼠标，弹出快捷菜单，选择【Generate】>【Lens Flare】选项，再次添加这个插件，如图4-34所示，将【Flare Brightness】调整为“128%”，将【Flare Center】调整为“606.0，336.0”，将【Lens Type】调整为“105mm Prime”模式，如图4-35所示。效果如图4-36所示。

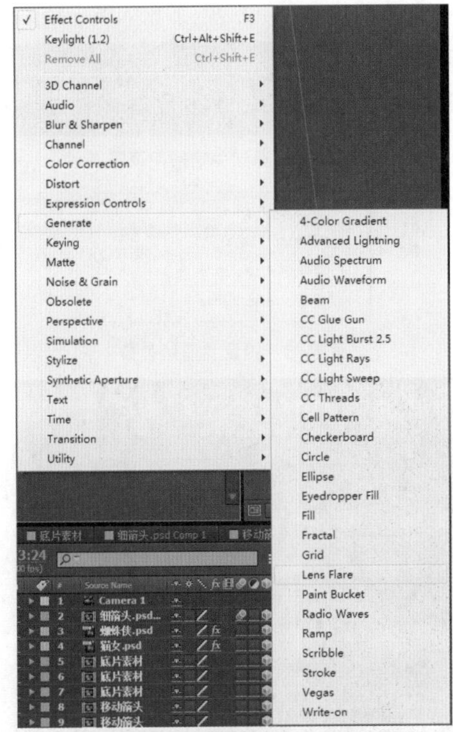


图4-34 选择【Lens Flare】选项

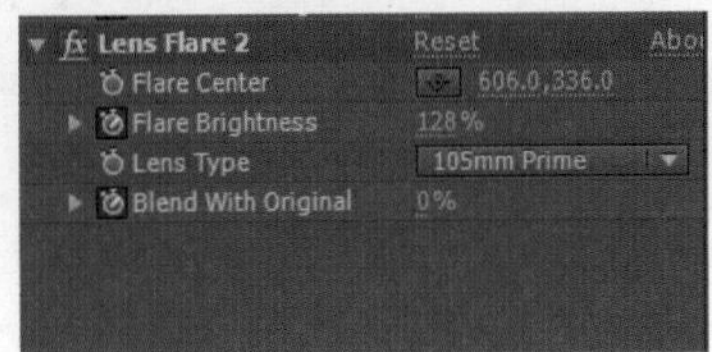


图4-35 设置第二个插件参数

图4-36 添加第二个灯光后的效果

16 将时间线光标调整至第0帧处，在特效编辑区中设置第一个插件的动画效果，单击【Flare Brightness】和【Blend With Original】前的关键帧记录器将其激活，并记录当前参数值，如图4-37所示。在时间线编辑区中将时间线光标移至最后一帧处，返回特效编辑区，设置【Flare Brightness】参数为“100%”，设置【Blend With Original】参数为“60% ”，如图4-38所示。

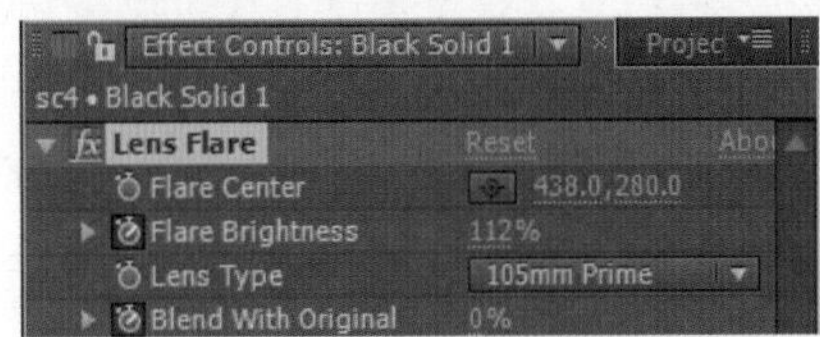


图4-37 激活关键帧记录器

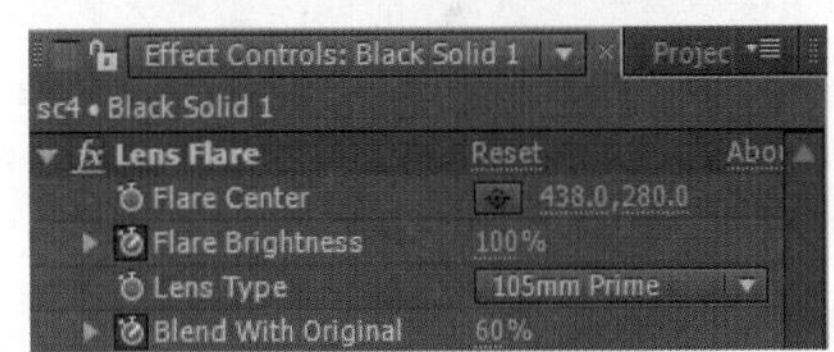


图4-38 设置关键帧参数

17 将时间线光标分别调整至第2秒、第4秒、第6秒和第8秒处，将【Flare Brightness】参数分别调整为“156%”、“112%”、“156%”、“112%”，按数字键盘【0】键预览灯光模拟效果，按【Ctrl+S】组合键保存工程项目文件。将时间线光标调整至第0帧处，在特效编辑区中设置第二个插件特效的动画效果，单击【Flare Brightness】和【Blend With Original】之前的关键帧记录器将其激活，并记录当前参数值，如图4-39所示。将时间线光标移至最后一帧处，设置【Flare Brightness】参数为“140%”，设置【Blend With Original】参数为“85%”，如图4-40所示。

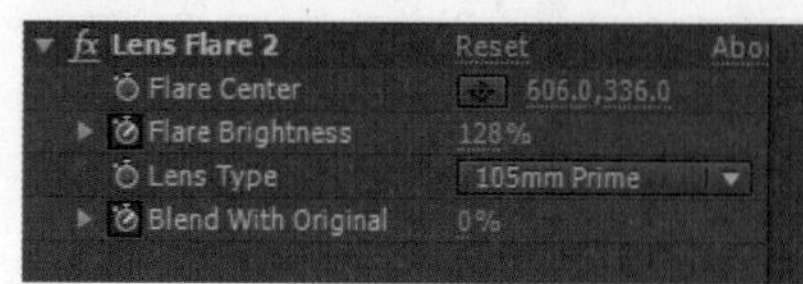


图4-39　设置第二个插件特效的关键帧参数

Lens Flare 2　Reset
Flare Center　606.0,336.0
Flare Brightness　140%
Lens Type　105mm Prime
Blend With Original　85%

图4-40　设置最后一帧关键帧参数

18 再将时间线光标分别调整至第2秒、第4秒、第6秒、第8秒处，将【Flare Brightness】参数分别调整为“78%”、“128%”、“78%”、“128%”，按数字键盘【0】键预览灯光的模拟效果，按【Ctrl+S】组合键保存工程项目文件。

## 设置“胶片”素材动画效果

19 在【Project】素材管理区中选中素材“底片素材”，并将素材拖至窗口下方的按钮上，如图4-41所示，建立一个与素材尺寸大小相同的合成窗口。选择【Composition】>【Composition Settings】命令，在弹出的【Composition Settings】对话框中设置【Duration】为“0:00:10:00”，单击【OK】按钮完成设置，在时间线编辑区中拖动素材后方并将其拉长，调整素材长度，使其与时间线时长保持一致02。

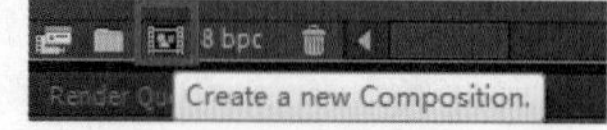


图4-41　建立胶片素材合成窗口

20 在时间线编辑区中选中素材，按【Ctrl+D】组合键复制一个新层，选中层1文件按【P】键，打开【Position】属性，调整参数为“7200.0, 288.0”。选中层2文件按【P】键，将时间线光标移至第0帧处，分别单击两个层【Position】前的关键帧记录器将其激活，将时间线光标移至第20帧处，将层1文件的【Position】属性参数设置为“2400.0, 288.0”，将层2文件的【Position】属性参数设置为“-2400.0, 288.0”，如图4-42所示。

21 在时间线编辑区中选择【sc4】合成窗口，如图4-43所示，在【Project】素材管理区将【底片素材】合成窗口拖至【sc4】窗口中。按【S】键调整参数为“12.0%”，按【R】键调整参数为“0×+90.0°”，按【P】键调整参数为“550.0, 288.0”，如图4-44所示。

图4-42　关键帧参数值

图4-43　选择【sc4】合成窗口

图4-44　参数设置调整

22 单击时间线编辑区下方的按钮，单击叠加模式按钮，如图4-45所示。选择【Silhouette Alpha】模式，如图4-46所示，效果如图4-47所示。

图4-45　激活关键帧记录器

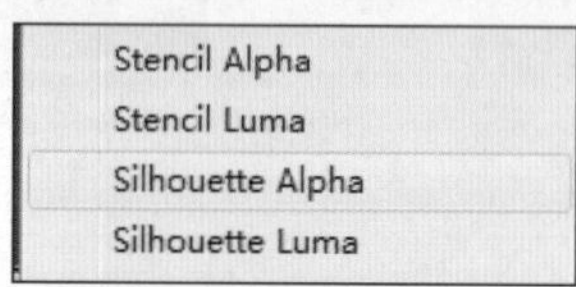


图4-46　设置关键帧参数

图4-47　胶片素材处理效果

23 选择【Rectangle Tool】03工具，如图4-48所示，在预览窗口中按住鼠标左键为底片素材层绘制遮罩，效果如图4-49所示。在时间线编辑区选中该层，按【F】键调整遮罩【Mask Feather】的参数值，如图4-50所示，单击数值前的按钮取消数值调整关联，调整第一个参数为“700.0”，效果如图4-51所示，按【Ctrl+S】组合键保存工程项目文件。

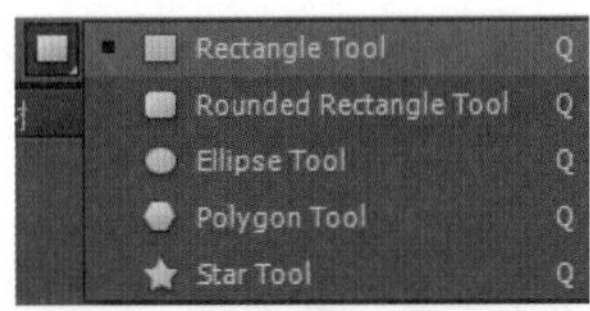

图4-48 【Rectangle Tool】工具

图4-49 绘制遮罩效果

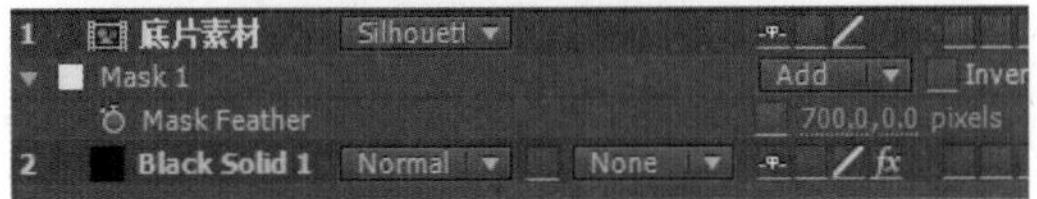

图4-50 调整遮罩参数

图4-51 遮罩调整效果

## 设置箭头动画效果

24 在【Project】素材管理区将“细箭头”素材拖至时间线编辑区中层1位置，按【P】键，调整参数为“360.0，370.0”，按【Ctrl+Shift+C】组合键，弹出【Pre-compose】对话框，如图4-52所示，单击【OK】按钮创建合并层，然后双击打开合并层。

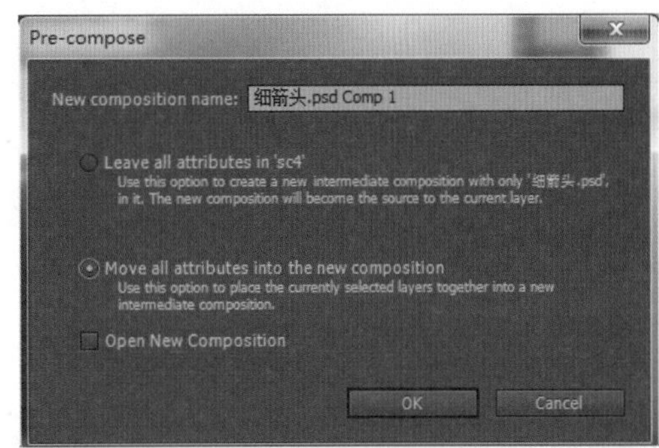

图4-52 合并层

25 选择【Layer】>【New】>【Light】04命令，弹出【Light Settings】窗口，选择【Light Type】为“Spot”，单击【OK】按钮建立一个灯光层“Light 1”，如图4-53所示。单击时间线编辑区左下角的按钮激活层扩展属性栏，单击层2文件前锁定按钮将其关闭，如图4-53所示，在扩展属性栏中单击三维属性将其激活，如图4-54所示。

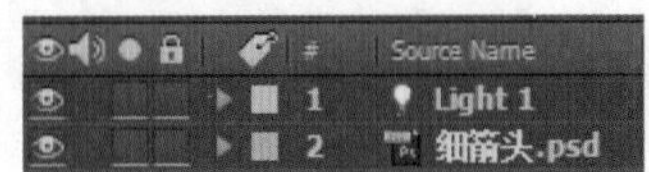

图4-53 解锁层文件为可编辑状态

图4-54 三维属性按钮

26 单击该层前的三角图标按钮展开其选项，调整【Material Options】中【Specular Intensity】的参数为“78%”，调整【Specular Shininess】的参数为“1%”，如图4-55所示，调整后的效果如图4-56所示，按【Ctrl+S】组合键保存工程项目文件。

图4-55 设置参数

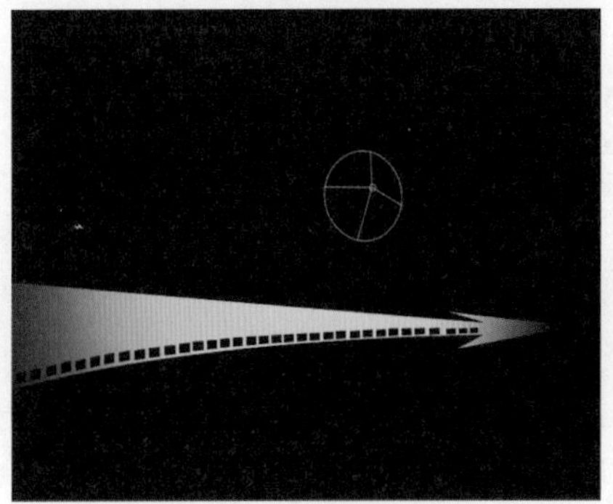
图4-56 设置灯光后效果

27 在【Project】素材管理区选中素材“移动箭头”，并将素材拖至窗口下方的按钮处，建立一个与素材尺寸相同的合成窗口。选择【Layer】>【New】>【Light】命令，弹出【Light Settings】窗口，选择【Light Options】为【Spot】，单击【OK】按钮，建立一个灯光层。设置两个层的参数如图4-57所示，调整后的效果如图4-58所示。

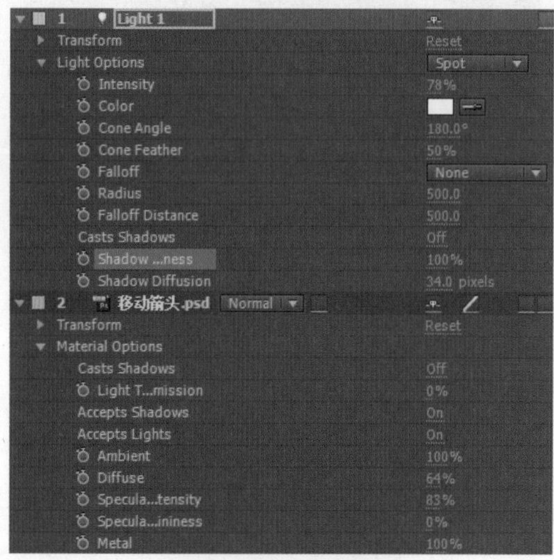

图4-57 参数调整数值参考

图4-58 设置灯光后效果

28 在时间线编辑区中选中层2文件，打开三维层开关，按【Ctrl+D】组合键三次复制出三个新层，如图4-59所示，分别调整各层的【Position】参数并在第0帧处激活关键帧记录器。将时间线光标移至最后一帧处，调整【Position】参数，如图4-60所示。

29 在时间线编辑区中，选择【sc4】合成窗口，在【Project】素材管理区中将【移动箭头】合成窗口拖至【sc4】中层1位置。按【S】键调整参数为“57.0%”，按【R】键调整参数为“0×+90.0°”，选择【Rectangle Tool】工具，在预览窗口中按住鼠标左键为素材层绘制遮罩。在时间线编辑区选中该层，按【F】键调整遮罩的【Mask Feather】参数，如图4-61所示，取消关联后调整第二个参数为“500.0”，效果如图4-62所示。

图4-59 复制层

图4-60 尾帧参数值

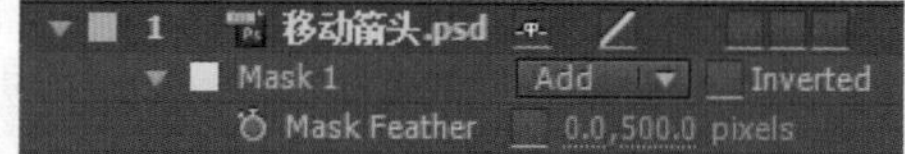

图4-61 调整参数并记录关键帧

图4-62 遮罩效果

30 将【Project】素材管理区中的“猫女”、“蜘蛛侠”素材按顺序拖至时间线编辑区，顺序如图4-63所示，最后效果如图4-64所示。按【Ctrl+S】组合键保存工程项目文件，完成该片头这一阶段的制作。

| | | | |
|---|---|---|---|
| 1 | 蜘蛛侠.psd | Normal |
| 2 | 猫女.psd | Normal |
| 3 | 移动箭头 | Normal |
| 4 | 细箭头.psd... | Normal |
| 5 | 底片素材 | Silhouetl |
| 6 | Black Solid 1 | Normal |

图4-63　拖入素材并调整顺序

图4-64　导入多个素材文件后的效果

通过以上各步骤，基本完成了新动影擎几个主要元素的动画设置。将不同元素添加至一个镜头内时，其色彩搭配与镜头构成都需要精心策划，在元素选择上要秉承符合主题的原则。在处理其他镜头时，需要事先做好构思工作，通过草稿设计出最终效果。在项目制作中对元素的把握和处理是至关重要的，也就是说设计与应变能力高于软件操作，在下一模块中将继续完成这个片头镜头处理。

# 知识点拓展

## 01 透明通道

（1）概念

透明通道的概念可以简单地理解为记录图片或图像透明信息的一种载体。以黑白图像[a]形式存在就没有其独立的意义，只有在依附于其他图像存在时才能体现其功能，也称“Alpha通道”。如图4-65所示为带有透明通道的图片与其他图片叠加的效果对比。

图4-65　透明通道的图片对比

（2）导入PSD文件为图层

以图4-66为例，它是RGB图像，在通道栏中可以看到其透明通道（Alpha）信息[b]，如图4-67所示。

**经验**

ⓐ带有透明通道信息的图片，其表现为黑白图像形式时，黑色区域为透明，白色区域为不透明，灰色区域为半透明。灰色越深也就说明其透明度越高，反之透明度越低，如图4-66所示。

图4-66　透明通道

透明通道在影视后期合成中是一个非常重要的概念，如抠像、素材组合、Mask应用等。在After Effects中创建的文字图层等会自动生成通道。

另外，After Effects在将带有透明通道信息的图像存储为图片格式时，需要选择能够保存透明通道信息的格式。值得注意的是，生成视频素材时，通道信息不能被保存。

**经验**

ⓑ带有透明通道的图片一般常用的储存格式为PSD、TGA、PNG和TIFF等。

图4-67　带有透明通道的RGB图像

## 02 时间线编辑区内素材剪辑操作

（1）改变素材持续时间

如图4-68所示的时间线编辑区中的区域具有基本的剪辑功能，可以对素材进行剪切、排列、调整动画曲线等处理，当鼠标移至素材开始或结尾处，将出现提示光标，可以拉长或缩短素材，改变素材的持续时间ⓒ。【Comp】作为层素材文件嵌套至其他合成窗口中时，素材长度受其本身客观时间长度影响，不能随意改变素材播放时间，视频素材也是如此。

图4-68　时间线素材剪辑区域

（2）时间线光标基本操作

除了本书前面内容涉及的调整时间线光标位置的几种方法外，按【I】键到达选中层最前帧，按【O】键到达最后一帧ⓓ，按【Ctrl+←】组合键或【Ctrl+→】组合键可向前或向后单帧移动时间线光标。

选择【Edit】>【Split Layer】命令，打断素材并生成新的层，效果如图4-69所示。选中多个层使用该命令，可同时打断被选中的素材。

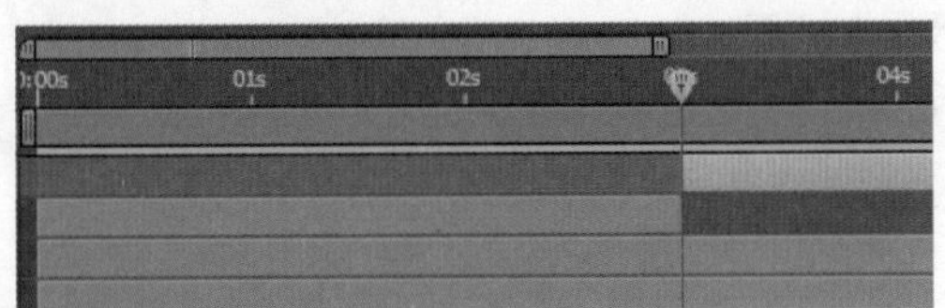

图4-69　打断素材生成新层

（3）素材排列

当时间线编辑区中有多个素材时，选中所有素材，选择【Animation】>【Keyframe Assistant】>【Sequence Layers】命令，

**技巧**

ⓒ按【[】键可以让素材至时间线光标所在处开始，剪切掉前面的素材（设置入点），按【]】键可以让素材至时间线光标所在处结束，剪切掉后面的素材（设置出点）。

选中多个层按【[】键，可同时定义被选中素材的入点对齐时间线光标，按【]】键可为出点对齐时间线光标。

**技巧**

ⓓ按【Home】或【End】键可到达剪辑区开始或结尾处，按【Page up】键向上一帧，按【Page Down】键向下一帧，按【Shift+Ctrl+←】组合键或【Shift+Ctrl+→】组合键可向前或向后移动10帧位置。

弹出【Sequence Layers】ⓔ对话框，如图4-70所示，单击【OK】按钮，在默认状态下素材将自动首尾衔接排列，效果如图4-71所示。

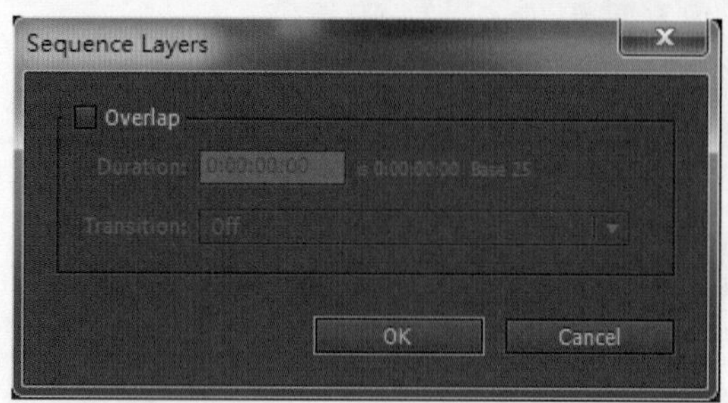


图4-70 【Sequence Layers】对话框

图4-71 自动排列素材

使用【Sequence Layers】命令时，排列顺序默认为层顺序。若需要指定顺序，按住【Shift】键，按照预定顺序单击素材即可重新排列素材。

## 03【Rectangle Tool】工具

使用【Rectangle Tool】工具可以在预览区中为选中层素材绘制规则形状ⓕ的Mask，也称为“遮罩”或“蒙版”。绘制遮罩后，选框内的图像为显示状态，而选框外的图像则会被屏蔽，并产生透明通道。为图像绘制遮罩后，在时间线编辑区展开其属性编辑栏，如图4-72所示。

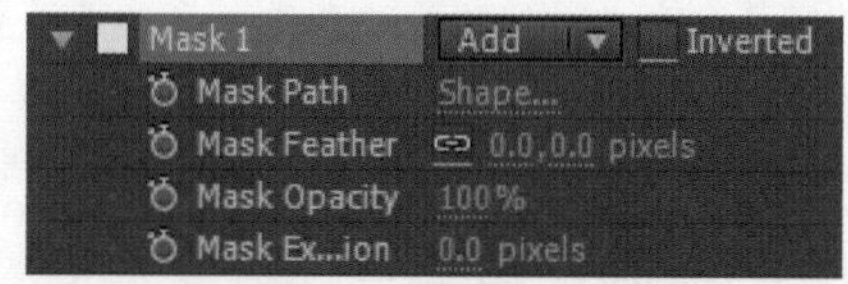


图4-72 Mask属性参数介绍

图4-72中的【Mask Path】为遮罩的区域，单击【Shape】可弹出其编辑对话框，【Mask Feather】为边缘羽化值设置，【Mask Opacity】为遮罩选区图像的透明度设置，【Mask Expansion】为扩展或收缩选区图像像素。这些参数都可以设置关键帧动画。另外选中【Inverted】复选框可将遮罩反向选择ⓖ。

同一层图像上可绘制多个Mask。【Mask】选项可以设置其混合模式，可以调整图层间遮罩的相互影响作用，默认状态为【Add】，单击该按钮，弹出混合模式选择菜单，如图4-73所示，其中【None】为无遮罩形式，【Add】为相加模式，【Subtract】为相减模式，【Intersect】为交叠模式，【Lighten】为变亮模式，【Darken】为变

**经验**

ⓔ在【Sequence Layers】对话框中选中【Overlap】复选框，激活其选项设置，【Duration】设置素材叠加的时间，【Transition】设置素材叠加方式，其中【Off】为硬切效果，其他两个选项为叠化效果。

选择叠化效果后，层属性中会添加透明度关键帧动画效果。

**经验**

ⓕ【Rectangle Tool】工具可绘制四方形、带有倒角的四方形、圆形遮罩，按住【Shift】键拖动鼠标可绘制正方形或正圆形，在绘制遮罩图形的过程中按【Ctrl】键，将以绘制开始点为中心绘制遮罩。

另外，该工具还可以绘制多边形以及五角星形图案。

使用【Pen Tool】工具可绘制不规则形状的Mask。其中【Convert Vertex Tool】工具可绘制曲线Mask。

**注意**

ⓖ选中【Inverted】选项后，选框内的图像为屏蔽状态，选框外的图像则显示出来。

暗模式，【Difference】为差值模式。

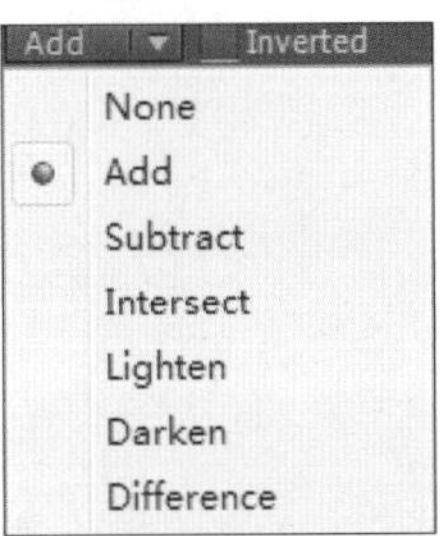


图4-73 遮罩混合模式菜单

遮罩是由点和点之间连接线来绘制图形的，选择【Selection Tool】工具，单击控制点可以调整遮罩的形状ⓗ，按住【Shift】键可选择多个控制点。选择【Pen Tool】工具，按住【Alt】键单击控制点，释放曲线编辑控制手柄，效果如图4-74所示，通过拖动手柄可调整遮罩的曲线形状，按住【Alt】键再次单击该控制点可恢复其形状ⓘ。

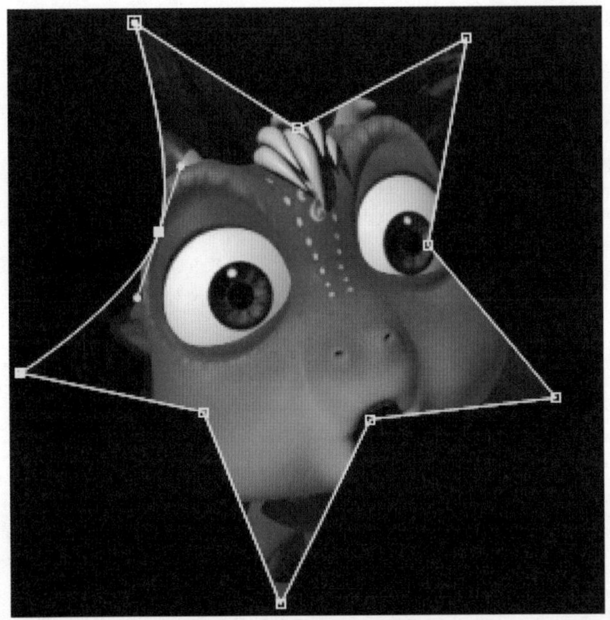

图4-74 释放曲线编辑控制

## 04 【Light】灯光层

选择【Layer】>【New】>【Light】命令，弹出【Light Settings】ⓙ对话框，如图4-75所示。

**经验**

ⓗ选中的控制点为实心状态，未选中的控制点为空心状态。“·”为遮罩闭合点。

选择【Selection Tool】工具时，按住【Alt】键单击任意控制点，可选择全部控制点，按住鼠标左键拉出虚线选框可以选择多个控制点。

双击任意一个被选中的控制点，可弹出变形编辑框，调整遮罩的形状，按【Enter】键确定形状，按【Esc】键退出变形编辑框。

**经验**

ⓘ选择【Pen Tool】工具后，将光标移至遮罩线框上，光标上会出现“+”符号，单击线框可添加控制点。将光标移至控制点上，光标上会出现“−”符号，单击控制点可将其删除。

选择多个控制点后按住【Alt】键单击任意一个被选中的控制点，可同时释放其曲线编辑控制手柄。

**注意**

ⓙ新建灯光层后，其作用的目标层需要在层属性扩展中激活三维模式。

灯光作用目标层激活三维模式后，层属性编辑中会出现相应的【Material Options】参数设置，可以调整灯光的效果或设置关键帧动画。

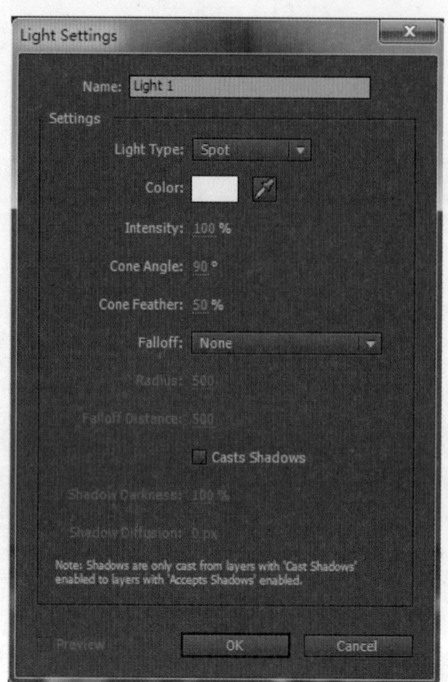


图4-75 【Light Settings】对话框

在【Settings】选项区中，【Light Type】ⓚ为灯光的模式，【Intensity】为灯光强度设置，【Cone Angle】为灯光角度设置，【Cone Feather】为灯光羽化值设置，【Color】为灯光颜色设置。选中【Casts Shadows】复选框，激活其选项，【Shadows Darkness】为阴影的明暗度，【Shadows Diffusion】为阴影漫射，可以理解为阴影的扩散。

**经验**

ⓚ【Light Type】中包括【Parallel】平行灯光、【Spot】聚光灯、【Point】点光以及【Ambient】环境灯四种模拟光源模式。

# 独立实践任务（3课时）

## 任务二　制作学校宣传小片头

### 任务背景

以学校宣传为目的，制作长度为5秒的小片头，应用于教学视频或学校宣传片前引导片。

### 任务要求

- 以突出教育或学校应用为目标，通过平面素材的动画设置，制作出一条小片头，要求符合学校这一特殊机构的特色，片头制作中应涉及遮罩、灯光层这两个技术点。
- 播出平台：多媒体。
- 制式：PAL制。

【技术要领】片头创意；素材准备；镜头合成；元素动画效果设置。

【解决问题】熟悉平面素材动画设置，掌握灯光层的应用。

【应用领域】影视后期。

【素材来源】无。

【效果展示】无。

### 任务分析

### 主要制作步骤

# 课后作业

1. 填空题

(1) 新建灯光层后，将效果作用至目标层需要在层属性扩展中激活________模式。

(2) 透明通道的概念可以简单理解为记录图片或图像透明信息的一种载体。以黑白图像形式存在没有其独立的意义，只有在依附于其他图像存在时才能体现其功能，也称为________。

2. 单项选择题

(1) 绘制遮罩后，选框内的图像为________状态，选框外的图像为________状态，并产生透明通道。

A. 屏蔽；屏蔽　　B. 屏蔽；显示

C. 显示；显示　　D. 显示；屏蔽

(2) 透明通道表现为黑白图像形式时，灰色区域为半透明。灰色越深说明其透明度________，反之透明度________。

A. 越高；越低　　B. 越高；无影响

C. 越低；越高　　D. 越低；无影响

3. 多项选择题

(1) 关于遮罩控制操作，下列描述正确的是________。

A. 选择【Selection Tool】工具，按住【Alt】键单击任意控制点可选择全部控制点

B. 选择【Selection Tool】工具，按住鼠标左键拖出虚线选框可以选择多个控制点

C. 选择【Pen Tool】工具，将光标移至遮罩线框上，光标上会出现“+”符号，单击线框可添加控制点

D. 选择【Pen Tool】工具，将光标移至控制点上，光标上会出现“-”符号，单击控制点可将其删除

(2) 关于调整时间线标位置的操作，下列描述错误的是________。

A. 在时间线编辑区输入数值定位时间线标的位置

B. 拖动时间线标改变其位置

C. 按【←】或【→】键调整时间线标的位置

D. 按【↑】或【↓】键调整时间线标的位置

# 模块

## 栏目片头制作

## ——新动影擎（下）

**能力目标**

掌握平面素材在影视片头中的应用

**专业知识目标**

1. 掌握使用Photoshop软件制作素材
2. 掌握透明通道以及灯光层概念

**软件知识目标**

1. Mask绘制方法与属性调整
2. 层叠加概念与应用
3. 时间线编辑区扩展属性

**课时安排**

6课时（讲课3课时，实践3课时）

After Effects

Premiere

## 任务参考效果图

# 模拟制作任务（3课时）

## 任务一　片头制作（下）

### 任务背景

《新动影擎》是新动传媒的一个栏目片头。由于新动传媒的标志是一个箭头和方框的组合，本任务将挑选其中的箭头元素作为贯穿整个片头的标志图形。前景中的箭头采取了金黄色，与淡紫色搭配时非常协调，也更能突出主体。

### 任务要求

通过后期制作软件的处理手段和技术方法，利用平面元素制作出一条能充分体现栏目内容以及新动传媒特色的片头。

播出平台：电视台。

制式：PAL制。

### 任务分析

因为我们要制作影视类栏目，所以必须突出影视的特点。镜头的设计思路是箭头在光线照射的背景上穿梭游弋，体现出新动传媒移动的特点。昏暗的电影院里放映机投射出的那束明亮晃动的光线和半透明的电影胶片是最为熟悉和经典的电影印象，在制作这个片头时选择了这两个元素作为组成片头动画的一部分。在色彩上，为了突出影院的画面感觉，背景统一处理成了黑色，加上淡紫色调的背景灯光，加强影院的效果。

### 本案例的重点、难点

通过添加灯光层，调整项目中的元素使其符合片头要求。胶片素材分析与制作。

【技术要领】三维空间的架设；添加摄像机并设置关键帧动画；掌握文字工具的应用；掌握【Glow】与【Hue/Saturation】特效。

【解决问题】如何设置摄像机关键帧动画，文字特效的编辑和设置。

【应用领域】影视后期。

【素材来源】光盘\模块05\素材。

【效果展示】光盘\模块05\效果展示\新动影擎.avi。

## 操作步骤详解

### 三维场景的搭建

01 打开模块04的项目工程文件“新动影擎.aep”，选择【Layer】>【New】>【Camera】命令，弹出【Camera Settings】对话框[01]，如图5-1所示。在场景中创建摄像机，设置【Preset】为“Custom”，设置【Units】为“millimeters”，设置【Measure Film Size】为“Horizontally”，并调整参数，如图5-2所示。单击【OK】按钮，在时间线编辑区中添加摄像机层。

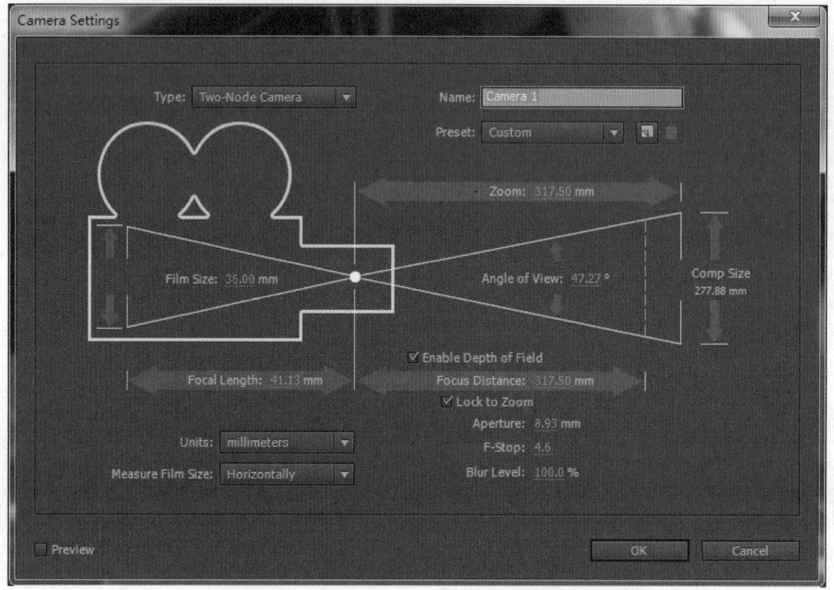


图5-1 【Camera Settings】对话框

图5-2 添加摄像机层

02 单击预览区【1 View】按钮，选择【2 Views – Horizontal】选项，如图5-3所示。将预览区切换为双屏显示，可显示不同的视图，效果如图5-4所示。激活左视图，选择视图为【Top】，如图5-5所示。

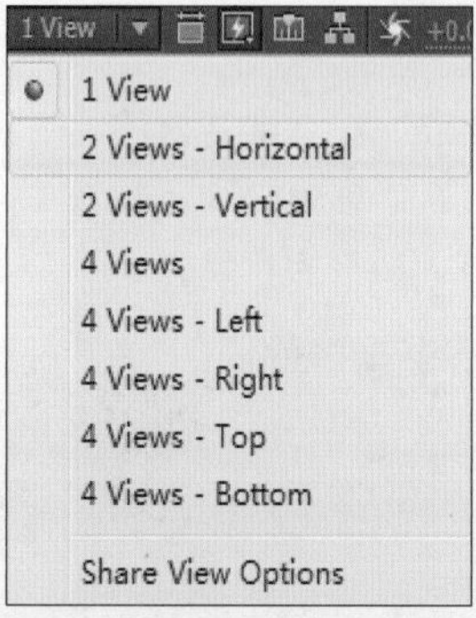


图5-3 视图选择显示菜单

图5-4 双屏显示

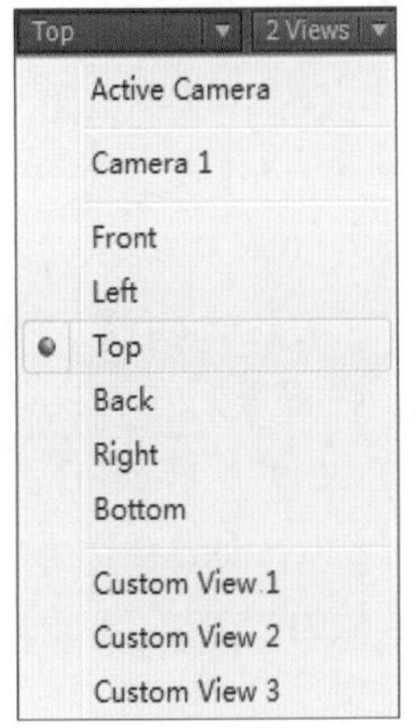


图5-5 选择视图为【Top】

03 按【Shift】键选中2层至6层，打开属性中的三维开关，如图5-6所示。选中层1文件，按【P】键调整【Position】参数为“814.0, 155.0, -746.0”，如图5-7所示。

| # | Source Name |
|---|---|
| 1 | Camera 1 |
| 2 | 蜘蛛侠.psd |
| 3 | 猫女.psd |
| 4 | 移动箭头 |
| 5 | 细箭头.psd... |
| 6 | 底片素材 |
| 7 | Black Solid 1 |

图5-6 激活层的三维属性

| # | Source Name | |
|---|---|---|
| 1 | Camera 1 | |
| | Position | 814.0,155.0,-746.0 |

图5-7 调整摄像机的位置参数

04 在时间线编辑区中调整层文件的顺序，如图5-8所示。选中层5文件按住【Shift】键选中层6文件，按两次【Ctrl+D】组合键复制出4个新层，如图5-9所示。

| # | Source Name |
|---|---|
| 1 | Camera 1 |
| 2 | 细箭头.psd... |
| 3 | 蜘蛛侠.psd |
| 4 | 猫女.psd |
| 5 | 底片素材 |
| 6 | 移动箭头 |
| 7 | Black Solid 1 |

图5-8 调整层顺序

| # | Source Name |
|---|---|
| 1 | Camera 1 |
| 2 | 细箭头.psd... |
| 3 | 蜘蛛侠.psd |
| 4 | 猫女.psd |
| 5 | 底片素材 |
| 6 | 底片素材 |
| 7 | 底片素材 |
| 8 | 移动箭头 |
| 9 | 移动箭头 |
| 10 | 移动箭头 |
| 11 | Black Solid 1 |

图5-9 复制层文件

05 选中层2文件，按【P】键，再按住【Shift】键后按【S】和【R】键，调整【Position】参数为“385.0, 288.0, -13.0”，调整【Scale】参数为“108.0, 108.0, 108.0%”，调整【Y Rotation】参数为“0×-77.0°”，如图5-10所示。在两个视图中观察图层的位置和画面效果，如图5-11所示。

| 2 | 细箭头.psd... |
|---|---|
| Position | 385.0,288.0,-13.0 |
| Scale | 108.0,108.0,108.0% |
| Orientation | 0.0°,0.0°,0.0° |
| X Rotation | 0x+0.0° |
| Y Rotation | 0x-77.0° |
| Z Rotation | 0x+0.0° |

图5-10 调整层2文件参数

图5-11　层2文件调整后的效果

06 分别设置层3和层4的【Scale】和【Y Rotation】参数均为“74.0，74.0，74.0%”和“0×-22.0°”，如图5-12所示。设置层5文件【Position】参数为“213.0，395.0，830.0”，【Scale】参数为“17.0，17.0，17.0%”，【X Rotation】参数为“0×-2.0°”，【Y Rotation】参数为“0×-1.0°”，【Z Rotation】参数为“0×+88.0°”，【Opacity】 参数为“88%”，如图5-13所示。

| 3 | 蜘蛛侠.psd |
|---|---|
| Scale | 74.0,74.0,74.0% |
| Orientation | 0.0°,0.0°,0.0° |
| X Rotation | 0x+0.0° |
| Y Rotation | 0x-22.0° |
| Z Rotation | 0x+0.0° |
| 4 | 猫女.psd |
| Scale | 74.0,74.0,74.0% |
| Orientation | 0.0°,0.0°,0.0° |
| X Rotation | 0x+0.0° |
| Y Rotation | 0x-22.0° |
| Z Rotation | 0x+0.0° |

图5-12　调整层3和层4文件参数

| 5 | 底片素材 |
|---|---|
| Position | 213.0,395.0,830.0 |
| Scale | 17.0,17.0,17.0% |
| Orientation | 0.0°,0.0°,0.0° |
| X Rotation | 0x-2.0° |
| Y Rotation | 0x-1.0° |
| Z Rotation | 0x+88.0° |
| Opacity | 88% |

图5-13　调整层5文件参数

07 设置层6文件【Position】参数为“86.0，369.0，669.0”，【Scale】参数为“26.0，26.0，26.0%”，【X Rotation】参数为“0×-2.0°”，【Y Rotation】参数为“0×-47.0°”，【Z Rotation】参数为“0×+88.0°”，【Opacity】 参数为“48%”，如图5-14所示。设置层7文件【Position】参数为“634.0，265.0，32.0”，【Scale】参数为“16.0，16.0，16.0%”，【Z Rotation】参数为“0×+87.0°”，【Opacity】 参数为“59%”，如图5-15所示。调整效果如图5-16所示。

| 6 | 底片素材 |
|---|---|
| Position | 86.0,369.0,669.0 |
| Scale | 26.0,26.0,26.0% |
| Orientation | 0.0°,0.0°,0.0° |
| X Rotation | 0x-2.0° |
| Y Rotation | 0x-47.0° |
| Z Rotation | 0x+88.0° |
| Opacity | 48% |

图5-14　层6文件参数设置

| 7 | 底片素材 |
|---|---|
| Position | 634.0,265.0,32.0 |
| Scale | 16.0,16.0,16.0% |
| Orientation | 0.0°,0.0°,0.0° |
| X Rotation | 0x+0.0° |
| Y Rotation | 0x+0.0° |
| Z Rotation | 0x+87.0° |
| Opacity | 59% |

图5-15　层7文件参数设置

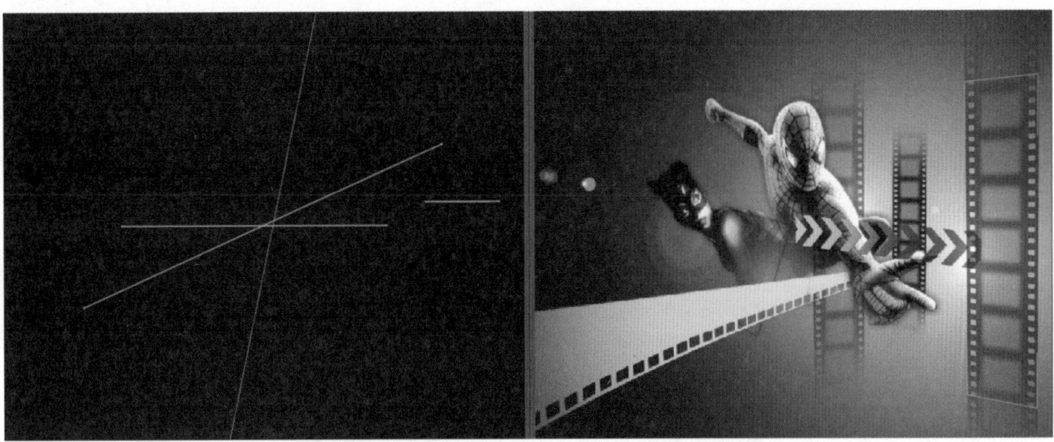

图5-16　层3至层7文件参数设置后效果

08 调整层8文件【Position】参数为“93.0，725.0，325.0”，单击【Scale】参数前的关联按钮，打断【Scale】关联，设置参数为“18.0，39.5，7.5%”，分别设置【Orientation】参数为“170.0°，49.0°，125.0°”，【X Rotation】参数为“0×+38.0°”，【Y Rotation】参数为“0×-1.0°”，【Z Rotation】参数为“0×-23.0°”，【Opacity】 参数为“40%”，如图5-17所示。

| 8 移动箭头 | |
|---|---|
| Position | 93.0,725.0,325.0 |
| Scale | 18.0,39.5,7.5% |
| Orientation | 170.0°,49.0°,125.0° |
| X Rotation | 0x+38.0° |
| Y Rotation | 0x-1.0° |
| Z Rotation | 0x-23.0° |
| Opacity | 40% |

图5-17　层8文件参数设置

09 设置层9文件【Position】参数为“349.0，699.0，205.0”，【Scale】参数为“31.0，68.0，13.0%”，【Orientation】参数为“178.0°，49.0°，125.0°”，【X Rotation】参数为“0×+38.0°”，【Y Rotation】参数为“0×-1.0°”，【Z Rotation】参数为“0×-18.0°”，【Opacity】 参数为“64%”，如图5-18所示。

| 9 移动箭头 | |
|---|---|
| Position | 349.0,699.0,205.0 |
| Scale | 31.0,68.0,13.0% |
| Orientation | 178.0°,49.0°,125.0° |
| X Rotation | 0x+38.0° |
| Y Rotation | 0x-1.0° |
| Z Rotation | 0x-18.0° |
| Opacity | 64% |

图5-18　设置层9文件参数

10 设置层10文件【Position】参数为“-211.0，404.0，363.0”，【Scale】参数为“23.0，52.0，10.0%”，【Orientation】参数为“179.0°，49.0°，125.0°”，【X Rotation】参数为“0×+38.0°”，【Y Rotation】参数为“0×+8.0°”，【Z Rotation】参数为“0×-34.0°”，【Opacity】 参数为“53%”，如图5-19所示。调整各层参数后的效果，如图5-20所示。按【Ctrl+S】组合键保存项目工程文件，结束三维场景的搭建工作。

| 10 移动箭头 | |
|---|---|
| Position | -211.0,404.0,363.0 |
| Scale | 23.0,52.0,10.0% |
| Orientation | 179.0°,49.0°,125.0° |
| X Rotation | 0x+38.0° |
| Y Rotation | 0x+8.0° |
| Z Rotation | 0x-34.0° |
| Opacity | 53% |

图5-19　设置层10文件参数

图5-20　调整各层参数后的效果

11 在时间线编辑区中单击【细箭头.psd Comp 1】窗口，进入编辑区，如图5-21所示，选择工具栏中的【Horizontal Type Tool】[02] 工具，在预览区内任意处单击激活文字输入光标，在时间线编辑区中输入新的文字层，如图5-22所示。

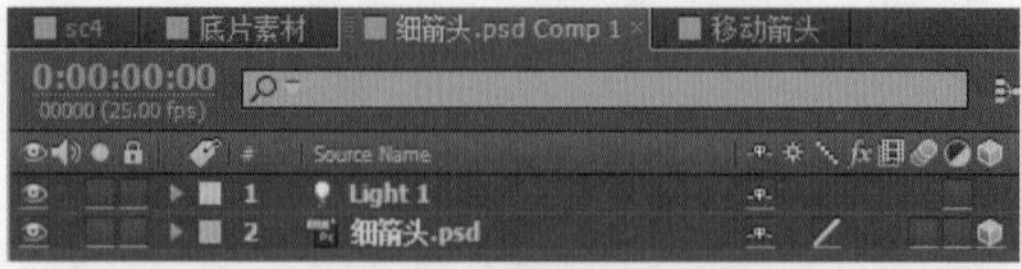

图5-21 设置项目工程文件参数

图5-22 新建文字层

12 在预览编辑区内输入文字“movie show”，如图5-23所示。选中所有文字，在预览区右侧的文字编辑区中设置其字体为“Impact”，字体大小参数为“63”，如图5-24所示。在文字编辑区单击颜色设置按钮，弹出【Text Color】对话框，设置字体的颜色，如图5-25所示，单击【OK】按钮完成设置。

图5-23 输入文字

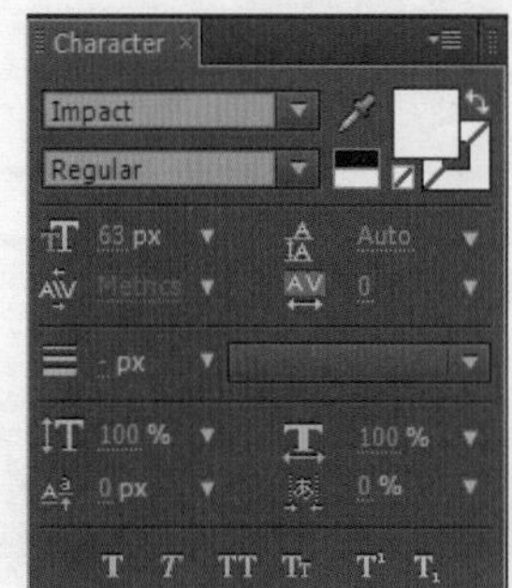


图5-24 设置文字的参数

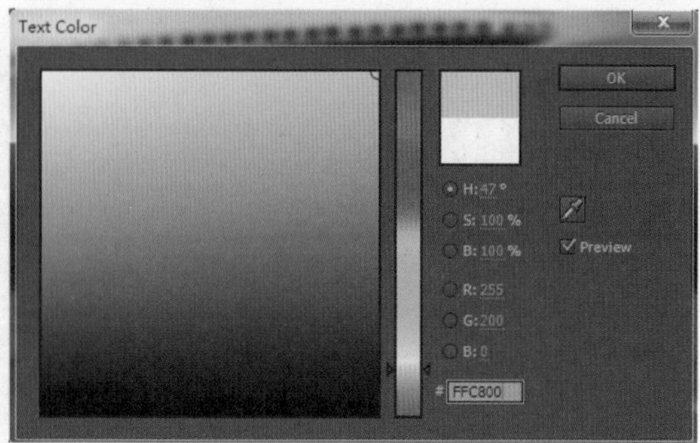


图5-25 设置字体的颜色

13 分别选中字母“m”和“s”，设置其字体大小为“94”，如图5-26所示，调整后的文字效果如图5-27所示。

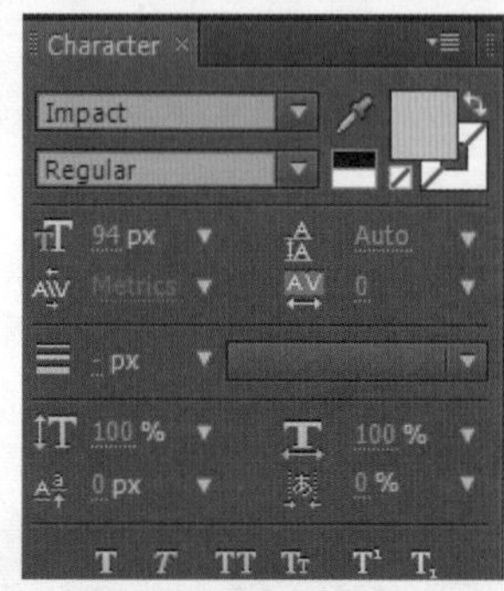


图5-26 设置字体大小

图5-27 调整后的文字效果

14 选择工具栏中的【Pen Tool】工具，保持时间线编辑区中文字层为选中状态，在预览区中沿着“箭头”上端边缘绘制一条路径[03]，并利用钢笔工具下的调整工具微调路径的曲线，使其符合箭头边缘的弧度，如图5-28所示。

15 在时间线编辑区激活文字层扩展属性中的三维属性，展开该层【Text】属性编辑，如图5-29所示，将【Path Options】属性下的【Path】指定为

"Mask 1"，并激活三维属性，效果如图5-30所示。

图5-28 调整路径曲线弧度

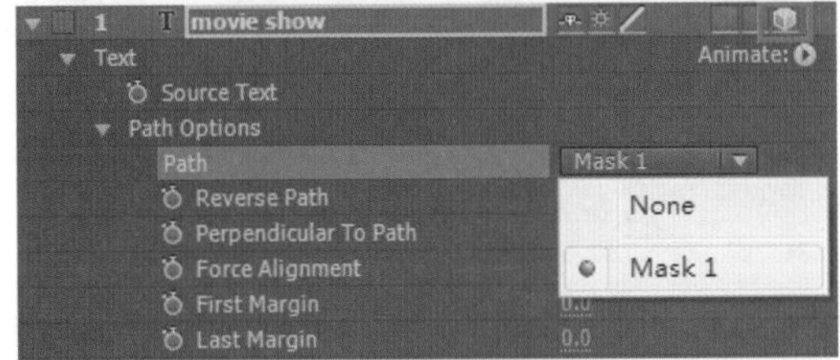


图5-29 调整文字层参数

图5-30 层2文件调整后的效果

16 选择工具栏中的【Horizontal Type Tool】工具按钮，在预览区内任意位置处单击，激活文字输入光标，输入文字"NEW&MOBILE MEDIA"，如图5-31所示，在时间线编辑区创建一个新的文字层，选中所有文字，在文字编辑区中设置字体大小参数为"28"，其他参数保持与上一组文字相同，如图5-32所示。

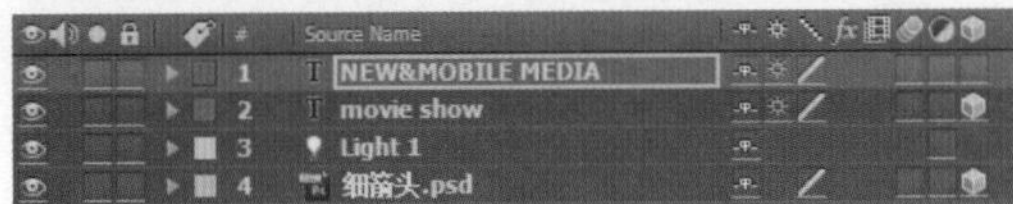


图5-31 创建新的文字层

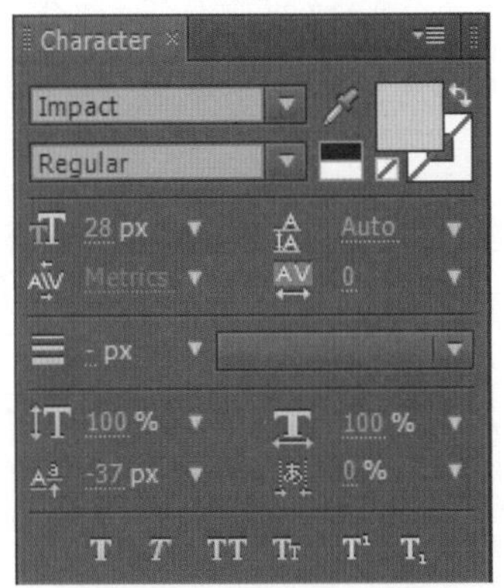


图5-32 调整文字层参数

17 选择工具栏中的【Pen Tool】工具，保持时间线编辑区中新建的文字层为选中状态，在预览区中沿着"箭头"方向绘制一条路径，如图5-33所示，在时间线编辑区激活该层扩展属性中的三维属性，展开该层的【Text】属性编辑，将【Path Options】属性下的【Path】指定为"Mask 1"。在文字编辑区中将文字的颜色设置为黑色，效果如图5-34所示。

图5-33 绘制并调整路径

图5-34 指定文字的路径及调整颜色

18 在时间线编辑区中将层3“灯光层”调整至层1文件位置，展开其参数属性，设置【Casts Shadows】为“On”激活投影效果，设置【Shadow Darkness】参数为“27%”，设置【Shadow Diffusion】为“40.0”，如图5-35所示。展开层2文件参数属性，将【Material Options】属性中的【Casts Shadows】设置为【On】，如图5-36所示。最终效果如图5-37所示，按【Ctrl+S】组合键保存项目工程文件，结束文字层的制作工作。

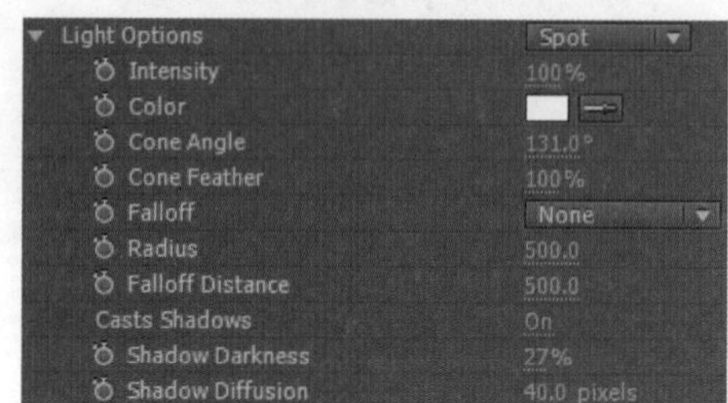


图5-35　灯光层参数调整

图5-36　设置层2文字的投影效果

图5-37　设置完成的文字层效果

## 综合调整设置镜头内各元素

19 在时间线编辑区中单击【sc4】合成窗口进入编辑区，对“细箭头”进行调整使其更加具有纵深感。调整【Position】参数为“401.0, 289.0, -43.0”，打断【Scale】关联并设置参数为“122.0, 108.0, 108.0%”，设置【X Rotation】参数为“0×+4.0°”，【Y Rotation】参数为“0×-87.0°”，如图5-38所示。调整后的效果如图5-39所示。

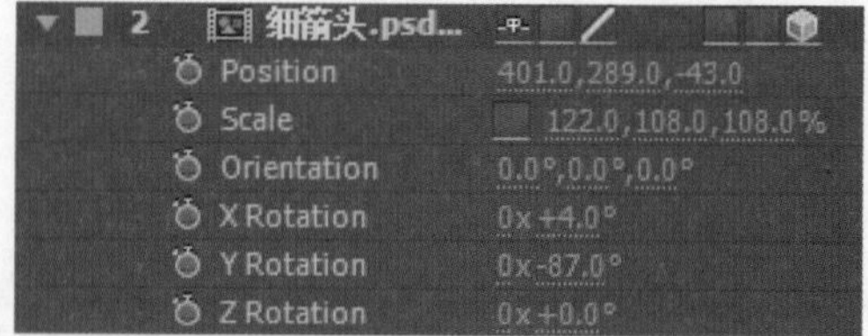


图5-38　对【细箭头】进行参数调整

图5-39　调整层2文件后效果

20 选中层3文件“蜘蛛侠”，选择【Effects】>【Stylize】>【Glow】04命令，在特效面板中调整【Glow】参数值，为图层添加光辉效果。设置【Glow Threshold】参数为“63.5%”，【Glow Radius】参数为“101.0”，设置【Glow Intensity】参数为“1.3”，如图5-40所示。调整后的效果如图5-41所示。

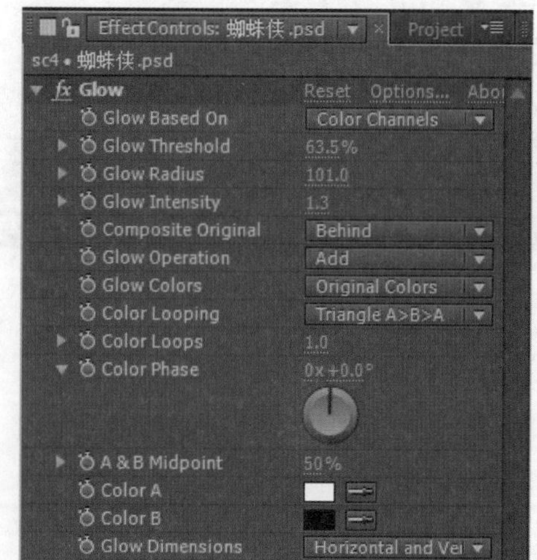


图5-40　调整特效参数

21 在特效编辑面板中选中特效，按【Ctrl+C】组合键复制特效，在时间线编辑区中选中层4文件“猫女”，按【Ctrl+V】组合键将特效粘贴至该层，添加特效后的效果如图5-42所示。

图5-41　特效调整后效果

图5-42　添加特效后效果

22 单击选中层11文件，选择【Effect】>【Color Correction】>【Hue/Saturation】[05]命令，调整参数【Master Hue】为“0×+35.0°”，如图5-43所示，最终效果如图5-44所示。

图5-43　调整特效参数

图5-44　特效调整后效果

## 设置摄像机动画效果

23 在时间线编辑区中单击层1摄像机文件，将时间线光标移至第0:00:00:00帧，设置【Point of Interest】参数为“25.0，325.0，595.0”，【Position】参数为“480.0，192.0，-152.0”。单击激活【Point of Interest】和【Position】关键帧记录器，如图5-45所示。

图5-45　建立胶片素材合成窗口

24 将时间线光标分别调整至第0:00:00:03帧、第0:00:00:06帧、第0:00:00:09帧、第0:00:00:11帧处，分别设置【Point of Interest】参数为“10.0，302.0，588.0”，“46.0，304.0，561.0”，“40.0，302.0，477.0”和 “360.0，288.0，0.0”。分别设置【Position】参数为“465.0，169.0，-158.0”，“501.0，171.0，-185.0”，“495.0，169.0，-269.0”和“814.5，155.0，-746.5”，如图5-46～图5-49所示。将时间线光标调整至第0:00:01:09帧、第0:00:02:13帧处，分别设置【Position】参数为“849.0，240.0，-732.0”和“817.0，194.0，-750.0”，如图5-50和图5-51所示，按小键盘上的【0】键预览动画效果。通过该组关键帧动画模拟摄像机急拉效果，按【Ctrl+S】组合键保存项目工程文件。

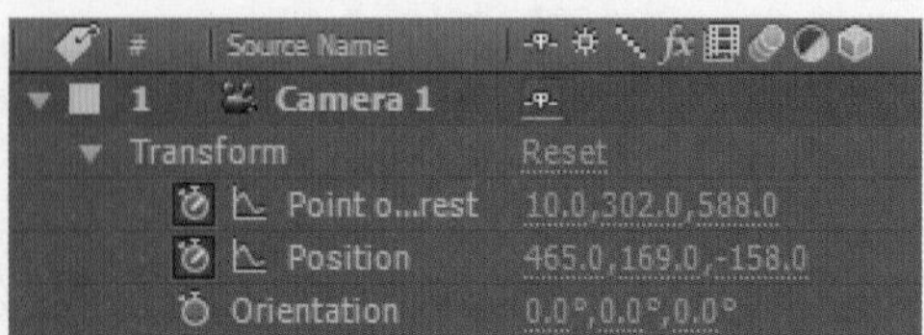


图5-46　设置第0:00:00:03帧参数

| Source Name | |
|---|---|
| 1 Camera 1 | |
| Transform | Reset |
| Point o...rest | 46.0,304.0,561.0 |
| Position | 501.0,171.0,-185.0 |
| Orientation | 0.0°,0.0°,0.0° |

图5-47　设置第0:00:00:06帧参数

| Source Name | |
|---|---|
| 1 Camera 1 | |
| Transform | Reset |
| Point o...rest | 40.0,302.0,477.0 |
| Position | 495.0,169.0,-269.0 |
| Orientation | 0.0°,0.0°,0.0° |

图5-48　设置第0:00:00:09帧参数

| Source Name | |
|---|---|
| 1 Camera 1 | |
| Transform | Reset |
| Point o...rest | 360.0,288.0,0.0 |
| Position | 814.5,155.0,-746.5 |
| Orientation | 0.0°,0.0°,0.0° |

图5-49　设置第0:00:00:11帧参数

| Source Name | |
|---|---|
| 1 Camera 1 | |
| Transform | Reset |
| Point o...rest | 360.0,288.0,0.0 |
| Position | 849.0,240.0,-732.0 |
| Orientation | 0.0°,0.0°,0.0° |

图5-50　设置第0:00:01:09帧参数

| Source Name | |
|---|---|
| 1 Camera 1 | |
| Transform | Reset |
| Point o...rest | 360.0,288.0,0.0 |
| Position | 817.0,194.0,-750.0 |
| Orientation | 0.0°,0.0°,0.0° |

图5-51　设置第0:00:02:13帧参数

25 将时间线光标移至第 14 帧处，选中层 2 文件按【P】键，激活其关键帧记录器，将时间线光标移至第 0:00:00:12 帧处，调整【Position】参数为“401.0，289.0，-962.0”，如图 5-52 所示。调整效果如图 5-53 所示。

图5-52　激活关键帧记录器

图5-53　参数设置调整效果

26 在时间线编辑区中单击【细箭头.psd Compl】窗口进入编辑区，将时间线光标移至第 0:00:00:14 帧处，选中层 2 文件，展开其【Text】属性下的【Path Options】参数，如图 5-54 所示调整【First Margin】参数为“-370.0”，并激活其关键帧记录器。将时间线光标移至第 0:00:00:18 帧处，如图 5-55 所示调整【First Margin】参数为“188.0”。将时间线光标移至第 0:00:02:04 帧处，如图 5-56 所示调整参数为“212.0”，将时间线光标移至第 0:00:04:01 帧处，如图 5-57 所示调整参数为“60.0”。

| | |
|---|---|
| Force Alignment | Off |
| First Margin | -370.0 |
| Last Margin | 0.0 |

图5-54　设置第0:00:00:14帧参数

| | |
|---|---|
| Force Alignment | Off |
| First Margin | 188.0 |
| Last Margin | 0.0 |

图5-55　设置第0:00:00:18帧参数

| | |
|---|---|
| Force Alignment | Off |
| First Margin | 212.0 |
| Last Margin | 0.0 |

图5-56　设置第0:00:02:04帧参数

| | |
|---|---|
| Force Alignment | Off |
| First Margin | 60.0 |
| Last Margin | 0.0 |

图5-57　设置第0:00:04:01帧参数

27 将时间线光标移至第0:00:00:15帧处，选中层3文件，展开其【Text】属性下【Path Options】参数，调整【First Margin】参数为“-416.0”，并激活其关键帧记录器，如图5-58所示。将时间线光标移至第0:00:00:19帧处，调整【First Margin】参数为“198.0”，如图5-59所示。将时间线光标移至第“0:00:02:06”帧处，调整参数为“161.0”，如图5-60所示。将时间线光标移至第“0:00:04:01”帧处，调整参数为“198.0”，如图5-61所示。

图5-58　设置第0:00:00:15帧参数

图5-59　设置第0:00:00:19帧参数

图5-60　设置第0:00:02:06帧参数

图5-61　设置第0:00:04:01帧参数

28 在时间线编辑区中单击【sc4】合成窗口进入编辑区，选中层2文件“细箭头”，在扩展属性中激活【Motion Blur】运动模糊属性，再激活上面的运动模糊总开关，如图5-62所示。选择【Composition】>【Composition Settings】命令，在弹出的【Composition Settings】对话框中将【Duration】设置为“0:00:04:00”秒，单击【OK】按钮完成设置，按数字键盘【0】键预览动画效果，按【Ctrl+S】组合键保存项目工程文件。

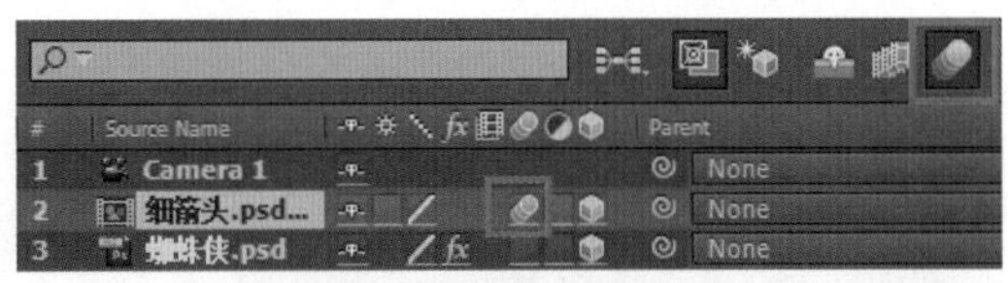


图5-62　激活运动模糊效果

至此已全部完成新动影擎片头的制作，通过模块04和模块05的内容讲述，了解了如何利用平面素材的调整和关键帧动画的设置创作出动态的视频效果。通过本镜头的制作，了解到灯光层和摄像机层在影视后期中的辅助作用，接触了三维空间场景搭建这一抽象概念，并且了解到文字层这一重要元素的基本操作和概念。通过对该任务制作中的多个主要技术知识点的学习，可以举一反三地制作出其他无须实际拍摄素材的精美片头。

# 知识点拓展

## 01【Camera Settings】对话框

选择【Layer】>【New】>【Camera】[a]命令，弹出【Camera Settings】对话框，如图5-63所示，在场景中创建摄像机。

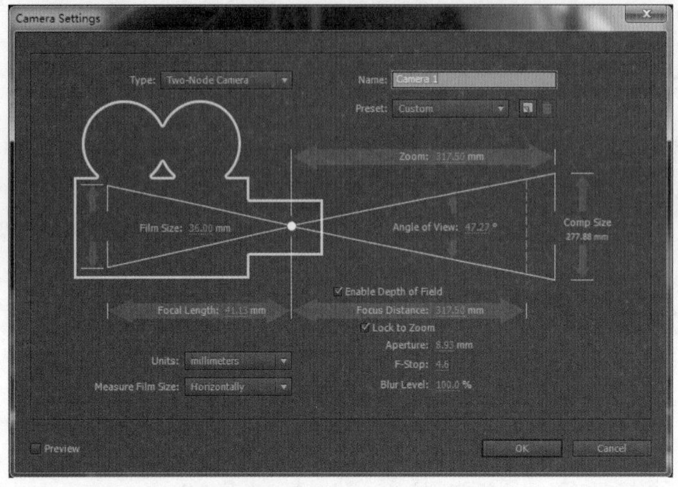


图5-63　【Camera Settings】对话框

（1）【Name】可为摄像机层命名。

（2）【Preset】[b]是指摄像机模式，单击后面的按钮可以展开模式选择菜单，如图5-64所示。

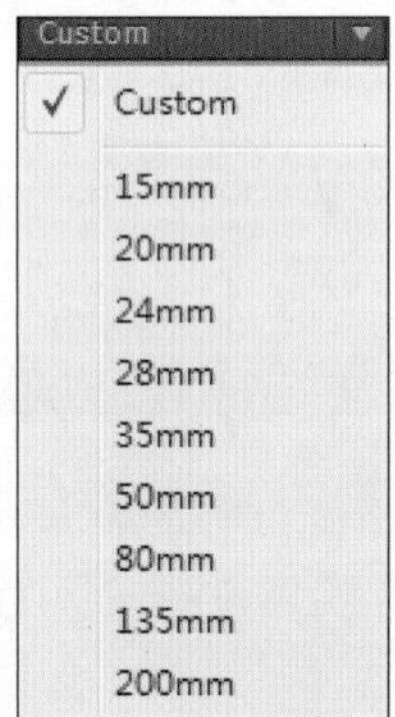


图5-64　模式选择菜单

（3）【Units】通过此下拉框选择参数单位，包括【pixel】（像素）、【inches】（英寸）和【millimeters】（毫米）3个选项。

（4）【Measure Film Size】改变【Film Size】（胶片尺寸）的基准方向，包括【Horizontally】（水平）方向、【Vertically】（垂直）方向和【Diagonally】（对角线）方向3个选项。

（5）【Enable Depth of Field】[c]为景深激活选项。

**经验**

ⓐ创建摄像机后，软件中以层的形式出现在该合成的时间线编辑区中。通过调整层属性可以调整摄像机的模式，还可以通过设置关键帧动画效果，模拟摄像机的动态效果。

**技巧**

ⓑ在摄像机模式选择菜单中，【Custom】为自定义模式，在摄像机参数设置对话框中的所有黄色数字区域都可以单击将其激活，参数激活后进行自定义修改。

单击该按钮后面第一个图标可以创建保存自定义摄像机，第二个按钮可删除自定义摄像机。

**经验**

ⓒ【Enable Depth of Field】激活后，【Lock to Zoom】为锁定缩放，意思为定焦镜头；【Aperture】为光圈大小设置；【F-Stop】为快门速度设置；【Blur Level】为控制景深模糊程度设置。

## 02【Horizontal Type Tool】文字编辑工具

选择【Horizontal Type Tool】ⓓ工具后，在预览区中任意位置单击即可进行文字输入和编辑。在激活编辑并输入所要编辑的文字后，软件右侧会出现文字层相关的编辑区，如图5-65所示。在该编辑区中可以设置字体的样式、颜色、大小、间距等属性ⓔ。

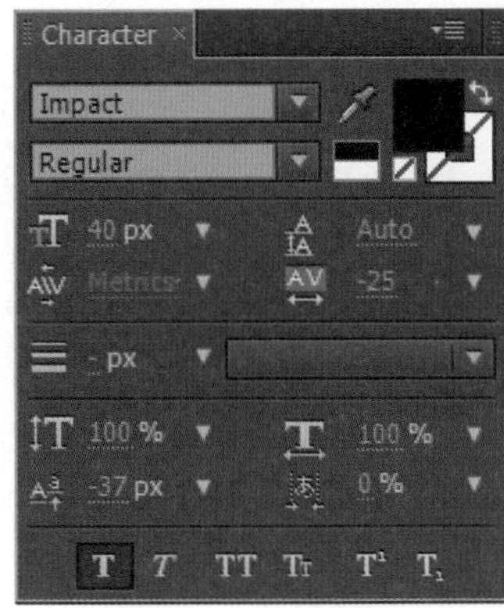


图5-65　文字编辑区

## 03 绘制路径

选择【Pen Tool】ⓕ工具后，除了可以在预览区中绘制封闭的Mask（遮罩），还可以绘制非封闭状态的路径，如图5-66所示为路径的几种形态。

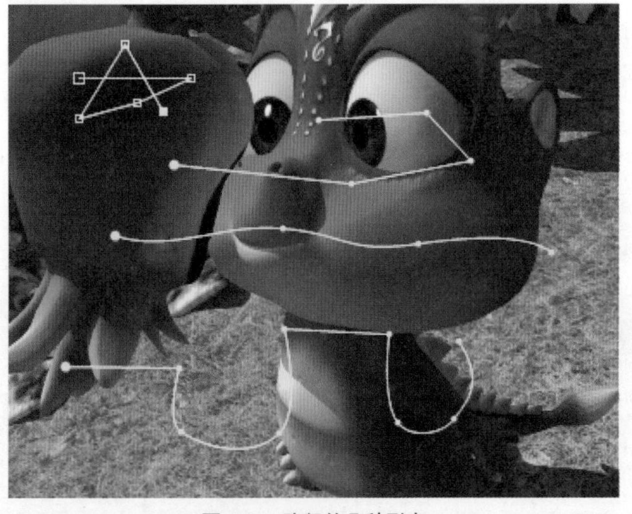

图5-66　路径的几种形态

## 04【Glow】特效

以模块04任务一中"蜘蛛侠"层文件为例，选择【Effects】>【Stylize】>【Glow】ⓖ命令，在特效面板中可以调整【Glow】参数值设置辉光的效果，如图5-67所示。

**技巧**

ⓓ文字工具有两种模式，一种是横向输入文字，另一种是纵向输入文字。

文字编辑区的各属性与Photoshop文字编辑工具基本相同。

**经验**

ⓔ在对文字进行编辑设置时，需要首先选中文字。

**技巧**

ⓕ路径或者遮罩都是由点与点之间的连接线构成的，遮罩为封闭的，而路径是非封闭状态的，但其编辑操作方式是一致的，都可以通过对点的状态或位置的改变而影响遮罩或路径的形状。

**经验**

ⓖ同一层文件上可以添加两个或者多个【Glow】特效。通过对不同特效的关键帧动画设置，可以制作出复杂的光效动画效果。

图5-67 【Glow】参数介绍

【Glow】特效在工作中常用的参数如下。

（1）【Glow Based On】为辉光的大小。

（2）【Glow Radius】为辉光辐射扩散大小，数值越高扩散面积越大，反之范围越小。

（3）【Glow Intensity】为辉光的强度，数值越大辉光越亮。

（4）【Glow Operation】为辉光叠加模式，与层叠加模式相同。

（5）【Glow Colors】为辉光模式，其中【Original Colors】为默认效果，【A&B Colors】[h]为指定色彩模式。

（6）【Color Phase】为两个色彩辉光发散角度设定。

（7）【Glow Dimensions】为辉光的形式，单击旁边的按钮弹出选择菜单，【Horizontal and Vertical】为横向加纵向模糊、【Horizontal】为横向辉光模糊、【Vertical】为纵向辉光模糊[i]，如图5-68所示。

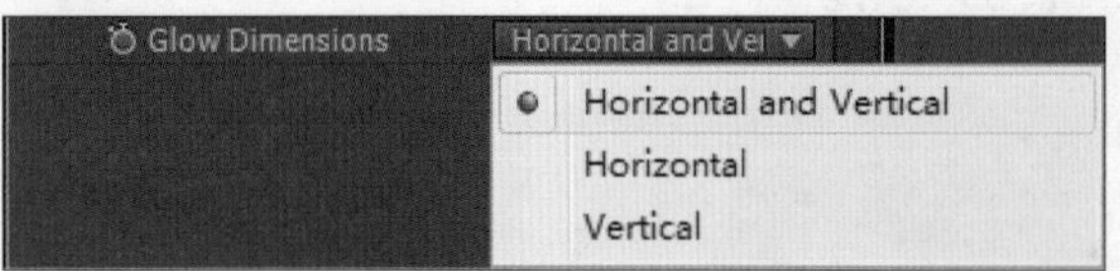

图5-68 遮罩混合模式菜单

## 05【Hue/Saturation】特效

【Hue/Saturation】是在后期制作中关于调色工作运用率较高的一个特效。选择【Effect】>【Color Correction】>【Hue/Saturation】[j]命令，在特效面板中可以调整【Hue/Saturation】特效参数值进行色彩调整的设置，如图5-69所示。

**注意**

ⓗ选择【A&B colors】模式后，需要结合与【Color】相关的其他参数进行调整，才能体现出不同效果，默认的【Color A】为白色，【Color B】为黑色，单击色块按钮可以弹出色彩选择对话框。

**经验**

ⓘ选择辉光的形式为【Horizontal】或【Vertical】时，结合【Color Phase】或其他参数的关键帧动画，可以制作出非常漂亮的动态辉光效果。

**经验**

ⓙ【Hue/Saturation】特效能够处理大多数的调色需求，特别是针对画面中某特定色彩的修改与校正，在后期制作中是调色工作不可或缺的一个好帮手。

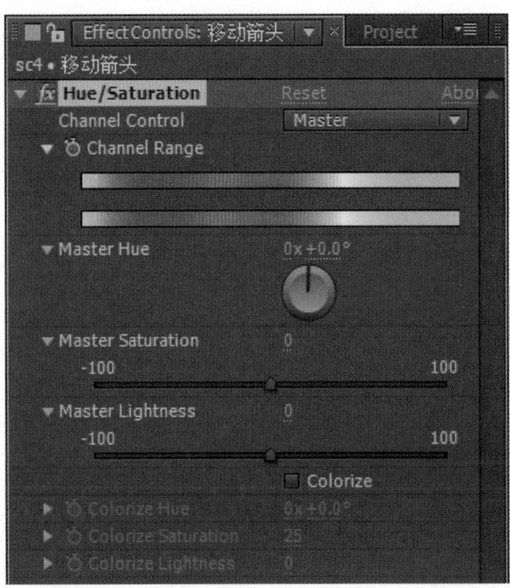


图5-69 调整【Hue/Saturation】特效参数值

（1）【Channel Control】为色彩区域选取，单击旁边的按钮弹出菜单，在此菜单中选择相应的色彩模式，如图5-70所示。

图5-70 色彩区域选取工具

（2）【Channel Range】色彩条上会出现相应的选择控制器ⓚ，如图5-71所示。

图5-71 素材选择控制器

（3）【Master Hue】ⓛ为调色控制器，旋转圆形图标可以改变色彩。

（4）【Master Saturation】为饱和度参数调整。

（5）【Master Lightness】为亮度参数调整。

（6）【Colorize】ⓜ为单色调整，激活该参数后，特效参数调整变化如图5-72所示。

【Colorize Hue】ⓝ为色相选择。

**技巧**

ⓚ色彩选择控制器三角符号为辐射色彩，竖条符号为主要选择色彩，拖动控制器可以调整选择色彩区域。

选定色彩区域后，可以调整【Hue】参数的度数，将颜色调至与选取目标色差较大的其他颜色，观察所选区域的准确度。

**经验**

ⓛ【Master Hue】参数选项会根据【Channel Control】模式的改变而变化名称，如在【Channel Control】中选择【Reds】模式，那么在【Master Hue】一栏的名称将为【Reds Hue】。

**经验**

ⓜ激活【Colorize】参数后，不能指定图像中某个色彩进行调整。使用这个特效效果，可以将图像处理成指定色调，也是影视后期制作中常用的技巧。

【Colorize Saturation】为饱和度参数调整。

【Colorize Lightness】为亮度参数调整。

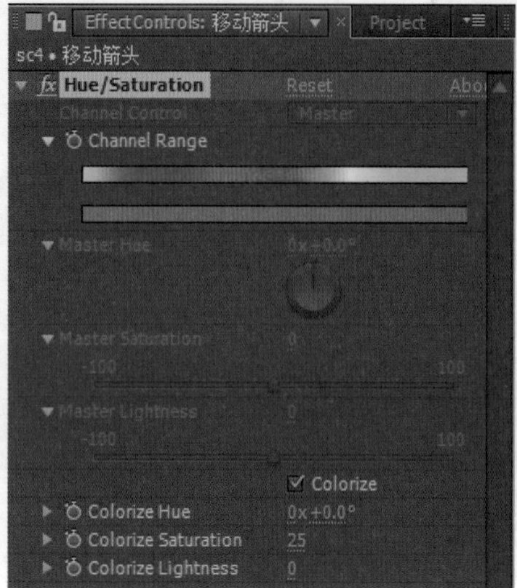


图5-72　激活单色调整参数

**经验**

ⓝ【Colorize Hue】参数的调整类似于【Master Hue】，设置不同的参数值，可以改变图像的色调。

# 独立实践任务（3课时）

## 任务二 制作新闻栏目小片头

### 任务背景

制作一段新闻栏目的片头，长度为5秒，应用于电视新闻栏目正片开播前。

### 任务要求

以突出新闻栏目特色应用为目标，通过平面素材的动画设置，制作出一条小片头，要求符合新闻这一指定类型片头特色，片头制作中应涉及辉光、调色这两个技术点。

播出平台：多媒体。

制式：PAL制。

【技术要领】片头创意；素材准备；镜头合成；摄像机动画设置。

【解决问题】熟悉平面素材动画设置，掌握摄像机的应用和【Glow】、【Hue/Saturation】特效的使用技巧。

【应用领域】影视后期。

【素材来源】无。

【效果展示】无。

### 任务分析

### 主要制作步骤

# 课后作业

1. 填空题

(1) 单击工具栏中的【Horizontal Type Tool】工具按钮，在________区内任意处单击激活文字输入光标。

(2) 在对文字进行编辑设置时，首先需要________文字。

2. 单项选择题

(1) 在After Effects CS6中，关于灯光的说法正确的是________。

A. 在After Effects CS6中，灯光层可以直接在Layer面板中新建

B. 在After Effects CS6中，灯光层可以直接在File面板中新建

C. 在After Effects CS6中，灯光层可以直接在二维的图层中建立

D. 在After Effects CS6中，灯光层在二维和三维的图层中都可以建立

(2) 在After Effects CS6中，关于摄像机的说法正确的是________。

A. 在After Effects CS6中，摄像机层可以直接在Layer面板中新建

B. 在After Effects CS6中，摄像机层可以直接在File面板中新建

C. 在After Effects CS6中，摄像机层可以直接在二维的图层中建立

D. 在After Effects CS6中，摄像机层在二维和三维的图层中都可以建立

3. 多项选择题

(1) 以下选项中，After Effects CS6中新建灯光的类型有________。

A. Parallel　　B. Spot

C. Point　　D. Ambient

(2) 关于After Effects CS6，下面说法错误的是________。

A. Camera Layer（摄像机层）和Light Layer（灯光层）顺序有一个先后的规则

B. 用户要遵循先加Camera Layer（摄像机层），并将该层的位置定义好，然后再添加Light Layer（灯光层）的规则

C. Camera Layer（摄像机层）和Light Layer（灯光层）彼此的位置关系会影响到光照的效果和阴影产生的方向

D. 灯光最为主要的功能是要营造场景中的氛围，灯光的颜色以及强度的设定可以使三维场景中的素材层晕染出不同的效果，而阴影的产生则会使三维层叠的模拟效果更加立体化

# 模块

## 片尾特效制作
## ——舟山群岛宣传片

**能力目标**

掌握如何使用平面素材在After Effects CS6中制作具有三维效果的logo演绎

**专业知识目标**

1. 掌握自带插件CC Pixel Polly的动画运动规律与参数设置要领
2. 了解多层动画编辑的概念

**软件知识目标**

1. CC Pixel Polly的使用方法
2. Tritone的使用方法
3. Bevel Alpha的使用方法
4. Fractal Noise的使用方法

**课时安排**

6课时（讲课3课时，实践3课时）

## 任务参考效果图

舟山群岛国际邮轮港
ZhouShan Archipelago International Cruise Port

# 模拟制作任务（3课时）

## 任务一 制作三维粒子特效

### 任务背景

舟山是中国最美的群岛之一，是中国联通世界的战略门户。舟山群岛国际邮轮港是一个正在崛起的东方邮轮经济中心，是实现两岸三通的起始之地，是中国东部最新最美最具潜力的邮轮码头。宣传片通过对舟山群岛国际邮轮港的旅游资源、区位设置、功能分布等多方面多角度的解读，充分展示了港口所具备的各种优势。

### 任务要求

通过后期制作软件的技术方法，制作出漂亮的片尾logo演绎。通过添加光效、破碎、三维粒子等效果，给予logo演绎适当点缀，提高logo演绎的亮点。

播出平台：多媒体，电视台。

制式：PAL制。

### 任务分析

舟山群岛国际邮轮港既然是一个正在崛起的东方邮轮经济中心，就需要在片尾logo的制作过程中用特效元素体现其数字科技和现代的感觉，极大提升视觉冲击力。

### 本案例的重点、难点

【CC Pixel Polly】特效的应用。

【技术要领】【Bevel Alpha】特效应用。

【解决问题】通过【Bevel Alpha】，结合【Fractal Noise】[01]、【Tritone】、【Levels】[02]等特效对logo进行美化。

【应用领域】影视后期。

【素材来源】光盘\模块06\素材\logo.png。

【效果展示】光盘\模块06\效果展示\舟山群岛国际邮轮港logo演绎.mov。

### 操作步骤详解

#### 新建工程文件并导入素材

01 启动After Effects CS6，关闭引导页对话框。选择【File】>【Import】>【File】命令，弹出【Import

File】（导入素材）对话框，选择“光盘\模块06\素材\logo.png”素材文件。按【Ctrl+N】组合键建立新的Composition，将【Composition Name】命名为“Comp 1”，设定【Width】为“1920px”、【Height】为“1080px”，设定【Pixel Aspect Ratio】为“Square Pixels”，【Frame Rate】为“25”，【Duration】为“0:00:15:00”，如图6-1所示。单击【OK】按钮完成项目工程文件的设置，保存项目文件至硬盘。

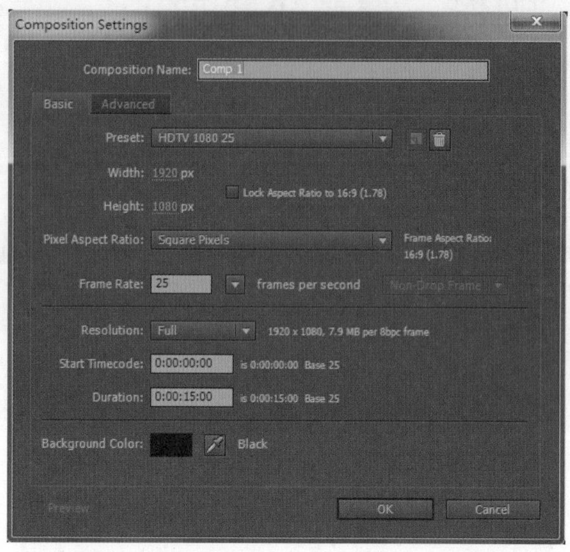


图6-1　新建【Composition Settings】对话框

02 选中“logo.png”图片素材（本身带有透明通道），按住左键不放将其拖入时间线编辑区。如果logo的背景为黑色，会降低logo辨识度，影响制作，这时可用鼠标单击红框内的“Toggle Transparency Grid”（切换透明网络）图标即可隐藏黑色背景，如图6-2所示。

## 运用【Fractal Noise】、【Tritone】、【Bevel Alpha】特效美化logo

03 选中“logo”素材层，按【Shift+Ctrl+C】组合键，对“logo”层进行嵌套处理（目的是对logo进行修改时，可以直接进入嵌套层进行操作，而不影响嵌套层外的效果器设置），将其命名为“logo1”。单击“logo1”层，按【Ctrl+D】组合键复制一层，命名为“logo2”。按【Ctrl+Y】组合键新建一个名为“Black Solid1”的层，并将其放在第二层，如图6-3所示。选中“Black Solid1”层，右击红框内的None，在弹出的下拉菜单中选择【Alpha Matte“logo2”】选项[03]，如图6-4所示，将原先的黑色固态层变成黑色的logo，效果如图6-5所示。

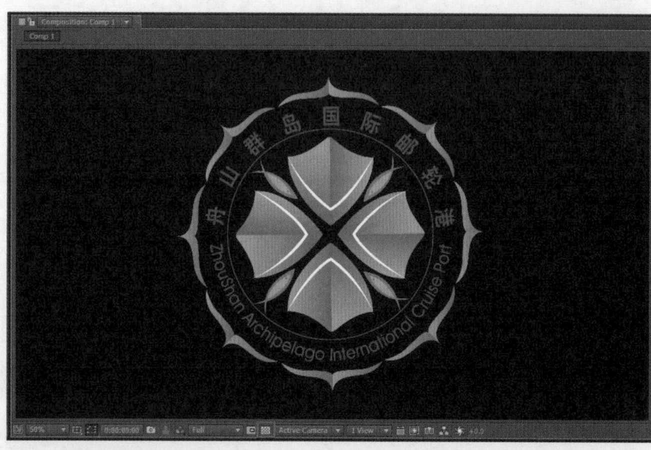

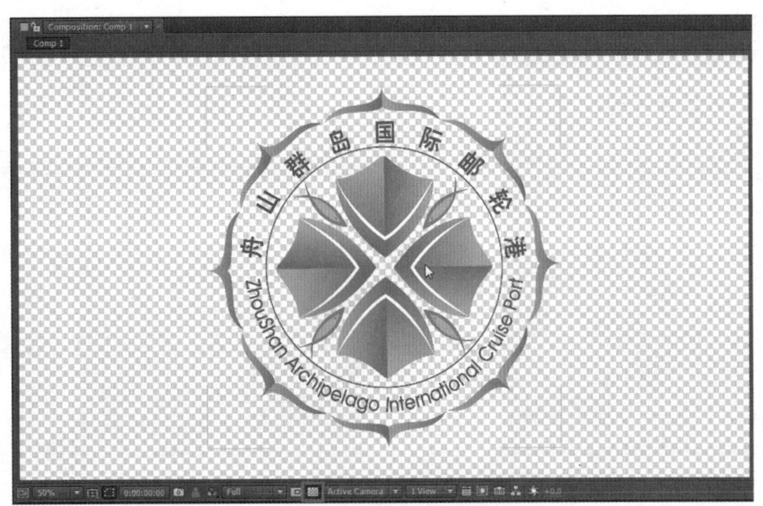


图6-2　显示/隐藏背景

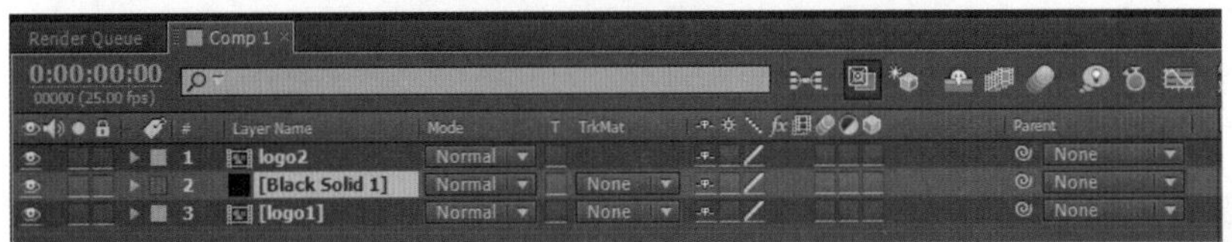


图6-3　将“Black Solid1”层放在中间

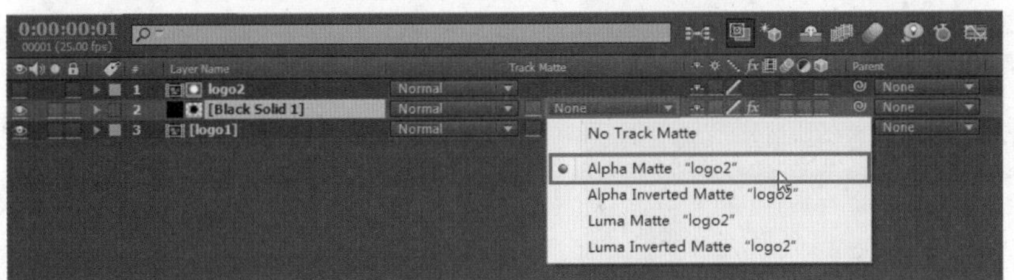


图6-4　为logo添加一个Alpha遮罩

图6-5　添加Alpha遮罩后的效果

04 单击界面右侧的【Effects & Presets】（效果和预设）工具栏，如图6-6所示，利用此工具栏可直接搜索【Effect】中的各种效果器。单击“Black Solid1”层，在【Effects&Presets】工具栏搜索“Fractal Noise”，双击【Fractal Noise】（分形噪波）特效将其应用到“Black Solid1”层上。

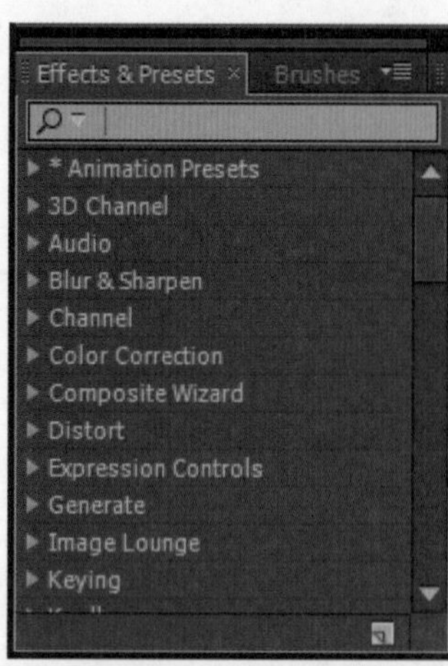


图6-6 效果器和预设搜索快捷栏的使用

05 在【Fractal Noise】的特效编辑区中将【Invert】复选框勾选，使颜色反向。将【Complexity】（复杂性）参数调整为“15.0”，【Evolution】（演变值）参数调整为“0×+66.6°”，如图6-7所示。

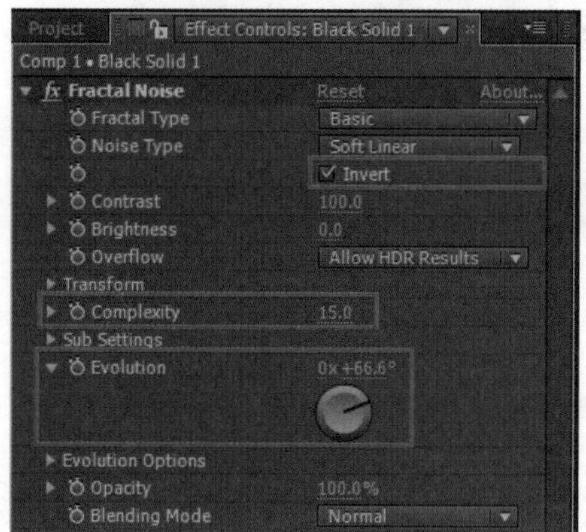


图6-7 修改【Fractal Noise】参数

06 单击“Black Solid1”层，在【Effects & Presets】工具栏搜索“Tritone”，双击工具栏中的【Tritone】特效将其应用到“Black Solid1”层上。在特效编辑区，将【Midtones】（中间调）改为灰色（R值为88、G值为98、B值为109），如图6-8所示。最终效果如图6-9所示。

07 选中“Black Solid1”层，然后在【Effects & Presets】工具栏搜索“Levels”，双击工具栏下的【Levels】特效，将其应用到“Black Solid1”层上。利用【Levels】工具调整颜色，在特效编辑区将【Levels】中的【Input Black】参数调整为“3.0”，【Gamma】参数调整为“0.56”，如图6-10所示。最终效果如图6-11所示。

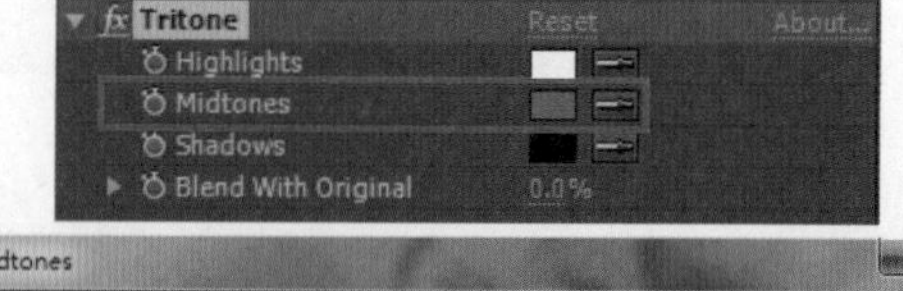


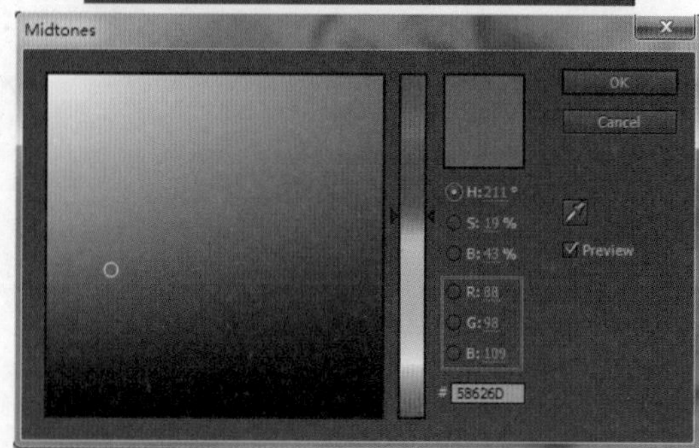


图6-8 修改【Midtones】色彩信息

图6-9 调整【Midtones】参数后的效果

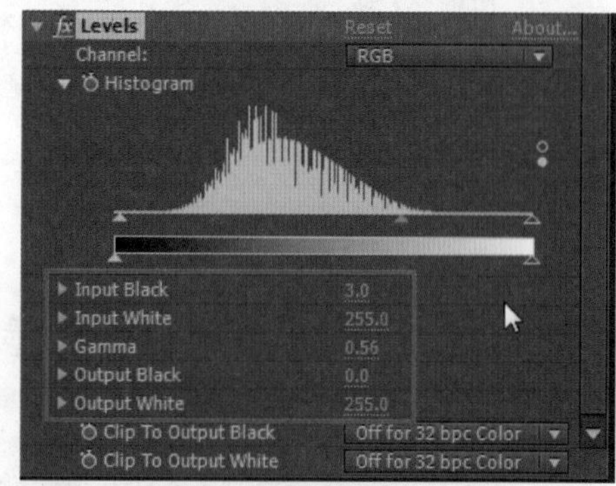


图6-10 调整【Levels】参数

图6-11 调整【Levels】后的效果

08 单击“Black Solid1”层，右击“Black Solid1”的叠加模式按钮【Normal】，弹出下拉菜单，将叠加模式改为【Add】，按快捷键【T】，将其透明度调整为“30%”，如图6-12所示。选中“logo1”层，选择【Effect】>【Perspective】>【Bevel Alpha】命令，在【Bevel Alpha】的特效编辑区将【Light Intensity】的参数设置为“1.00”，如图6-13所示。最终效果如图6-14所示。

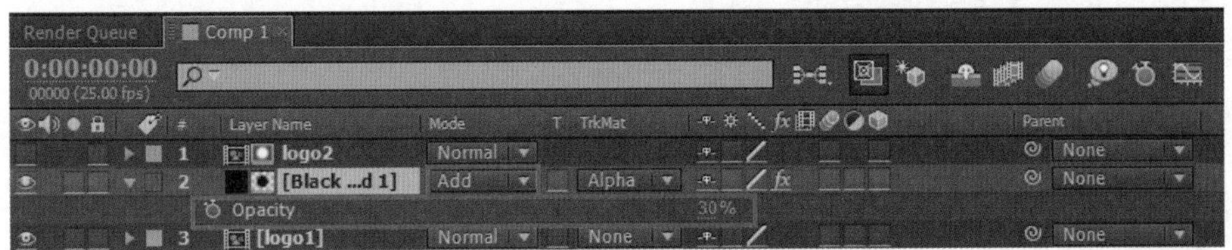


图6-12　修改叠加模式

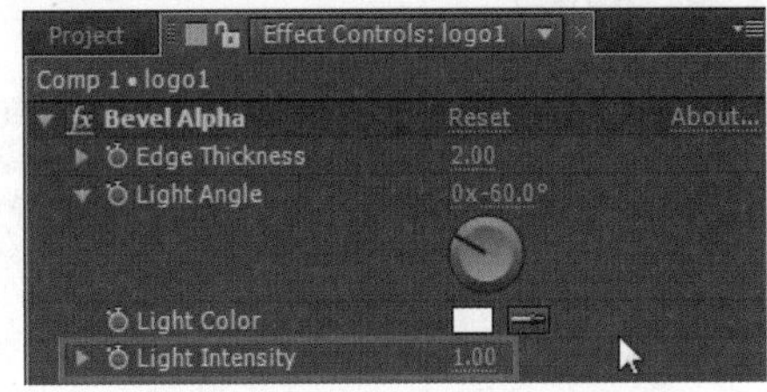


图6-13　设置【Bevel Alpha】参数

图6-14　调整噪波、色调和曲线后的最终效果

## 通过【CC Pixel Polly】特效制作破碎效果

09 将所有图层选中，按【Shift+Ctrl+C】组合键进行嵌套，产生的嵌套层命名为“Pre-comp 1”。选中“Pre-comp 1”嵌套层，选择【Effect】>【Perspective】>【Bevel Alpha】命令，在其特效编辑区将【Edge Thickness】参数调整为“5.80”，【Light Intensity 】参数调整为“0.70”，效果如图6-15所示。

10 按【Ctrl+Y】组合键，弹出【Solid Settings】对话框，将【Color】设置为白色，单击【OK】按钮建立一个新的“White Solid 1”固态层，放在“Pre-comp1”嵌套层下面作为背景。选中“White Solid 1”层，左键长按图6-16中红框内的【Rectangle Tool】（长方形工具）弹出下拉菜单，选择【Ellipse Tool】（椭圆工具）。选中“White Solid 1”层，利用椭圆工具绘制一个大于logo的圆形Mask（在绘制过程中按住【Shift】键可以使绘制的图形是正圆），如图6-17所示。

给Mask绘制遮罩动画，选中“White Solid 1”层，展开【Masks】的属性编辑栏，选择【Mask Expansion】命令，如图6-18所示。将时间线光标移动到第0帧，在0帧处单击【Mask Expansion】前的关键帧记录器将其激活，将时间线光标移至4秒处，将“White Solid 1”层的【Masks】属性编辑栏中的【Mask Expansion】参数设置为“-650.0pixels”，【Mask Feather】参数设置为“30.0，30.0 pixels”，如图6-19所示。

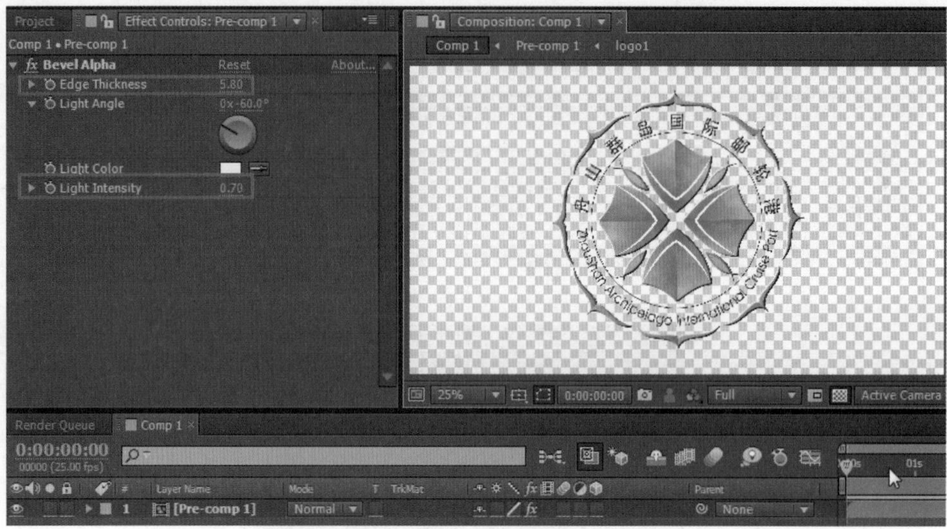


图6-15　调整【Bevel Alpha】参数

图6-16　选择椭圆工具

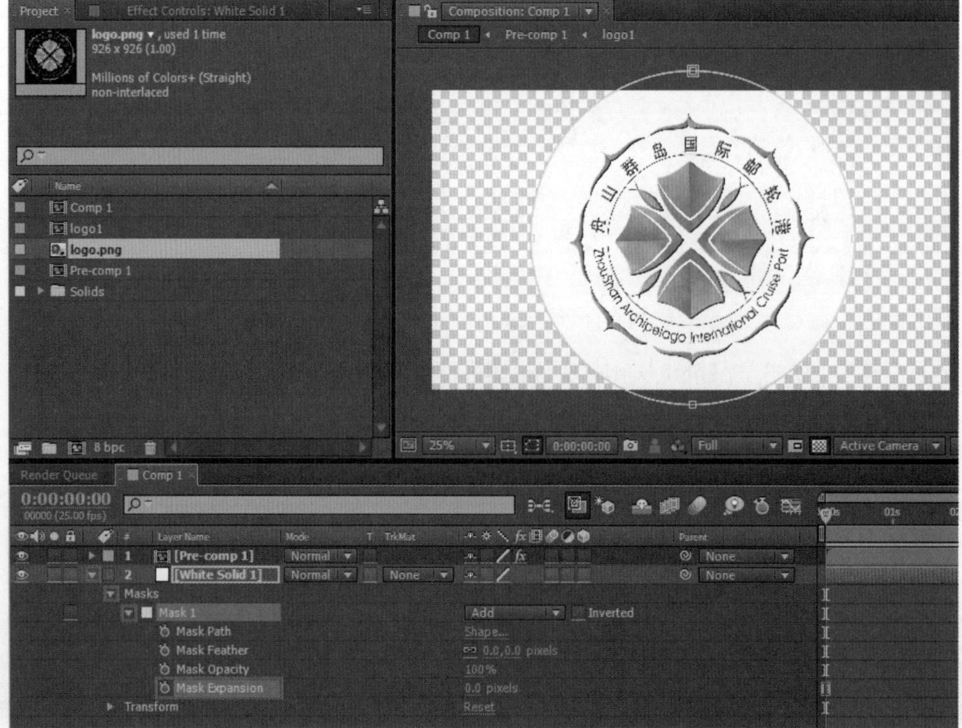


图6-17　绘制圆形Mask

图6-18　绘制遮罩动画

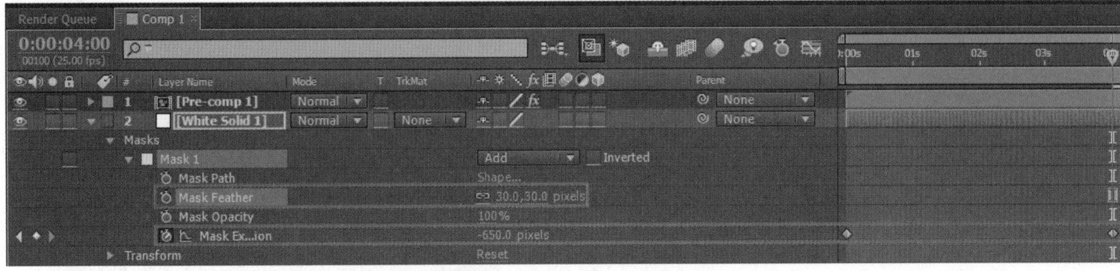

图6-19　完成遮罩动画设置

将“White Solid 1”层拖至第一层，单击“Pre-comp 1”层右侧如图6-20所示的红框中的【Alpha】选项，在下拉菜单中选择【Alpha Matte“[White Solid 1]”】，以“White Solid 1”作为“Pre-comp 1”的遮罩，并保留遮罩部分，让时间线光标在 0~4秒内移动，观察变化，如图6-21所示，完成logo的动画。

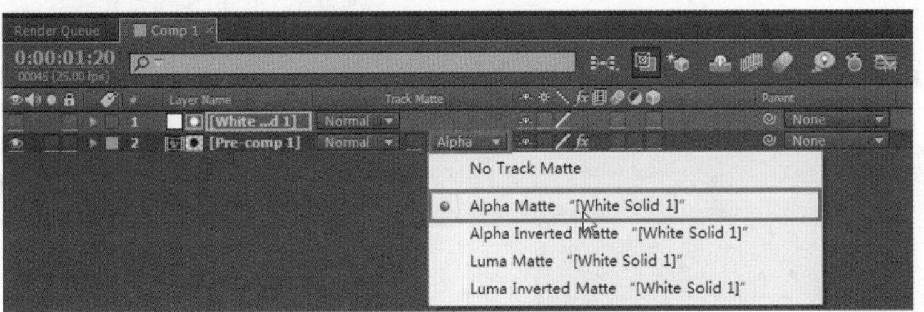


图6-20　修改【Alpha】选项设置

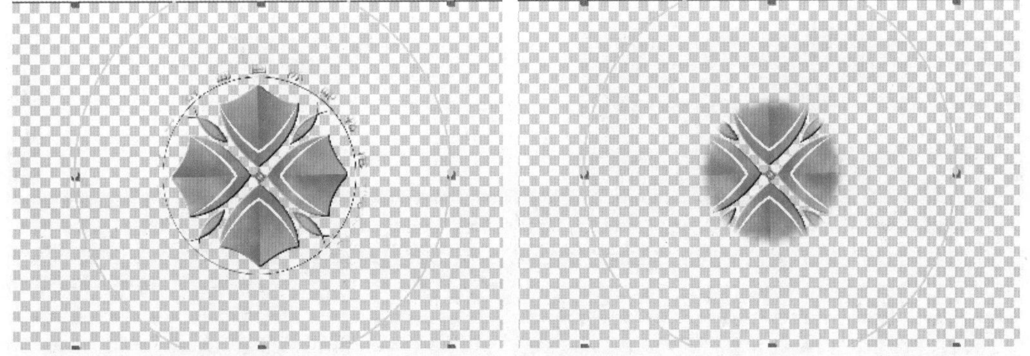

图6-21　视窗效果

11 选中“Pre-comp 1”嵌套层，按【Ctrl+D】组合键复制一层“Pre-comp 1”，选中新复制出来的“Pre-comp 1”层，按【Enter】（回车键）将复制层重命名为“粒子层”，如图6-22所示。

选中“粒子层”，在其特效编辑区删除原先的效果器【Bevel Alpha】特效，选择【Effect】>【Simulation】>【CC Pixel Polly】（模拟破碎效果）命令，将【Gravity】（重力）参数设置为“0.00”，其他参数默认即可，如图6-23所示。

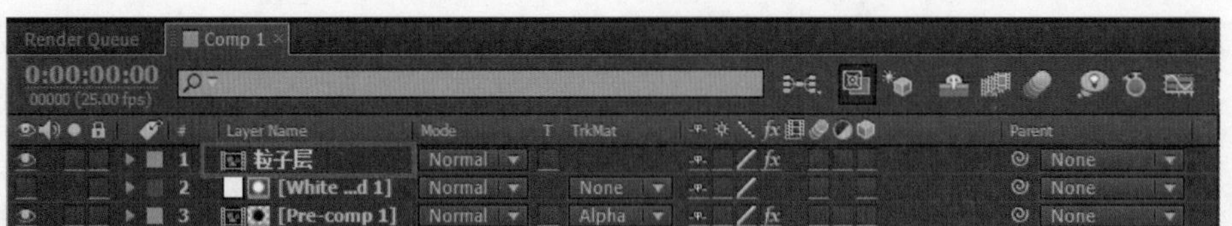


图6-22　建立“粒子层”

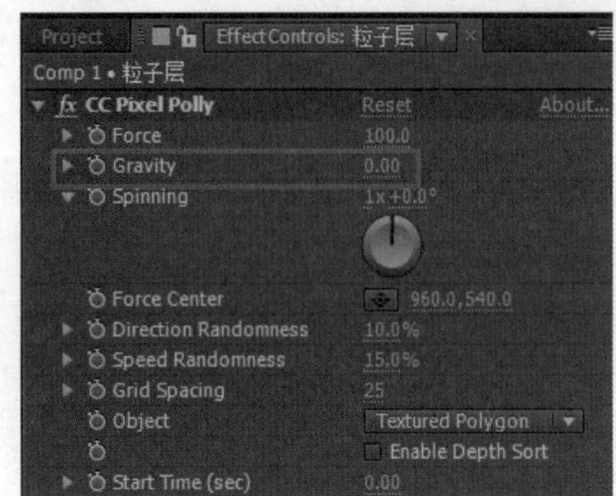


图6-23　调整【CC Pixel Polly】参数

12 选中“粒子层”，选择【Effect】>【Blur & Sharpen】>【Fast Blur】（快速模糊）命令，将时间线光标移动至0帧处，选中“粒子层”，在其效果编辑区找到【Fast Blur】的参数控制器，单击【Blurriness】前的关键帧记录器将其激活，如图6-24所示。然后将时间线光标调至2秒处，将【Blurriness】的参数设置为“40.0”，如图6-25所示。

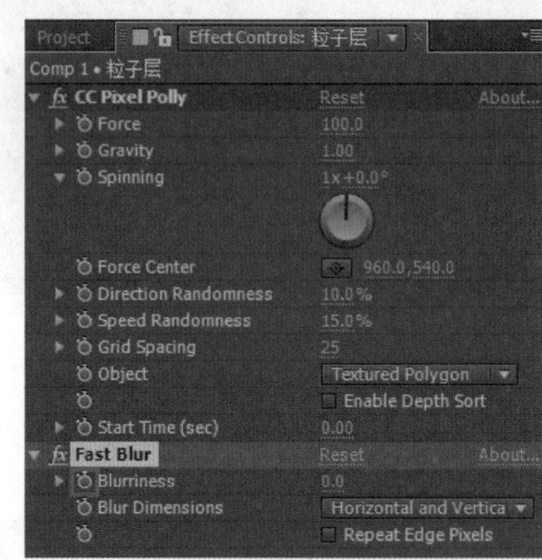


图6-24　激活【Blurriness】

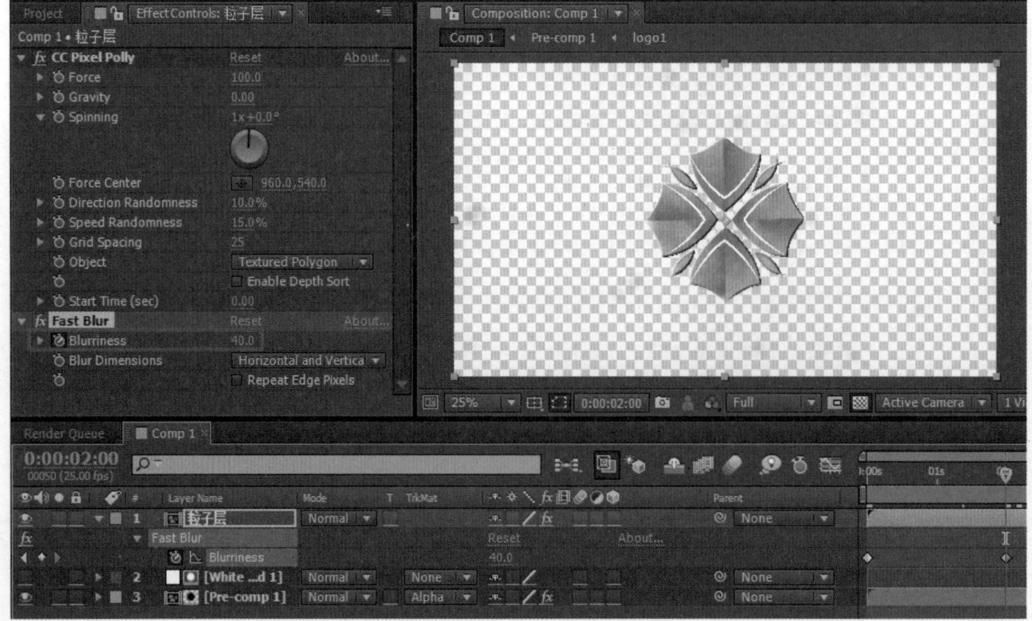


图6-25　修改【Fast Blur】参数

13 单击“粒子层”，运用椭圆工具对其绘制两个圆形Mask（遮罩）[04]，方法可参考步骤10。先绘制大圈为“Mask 1”，再绘制小圈为“Mask 2”。单击“Mask 2”层的叠加模式按钮，在下拉菜单中选择【Subtract】模式，将“Mask 2”的叠加模式改为【Subtract】模式，如图6-26所示。

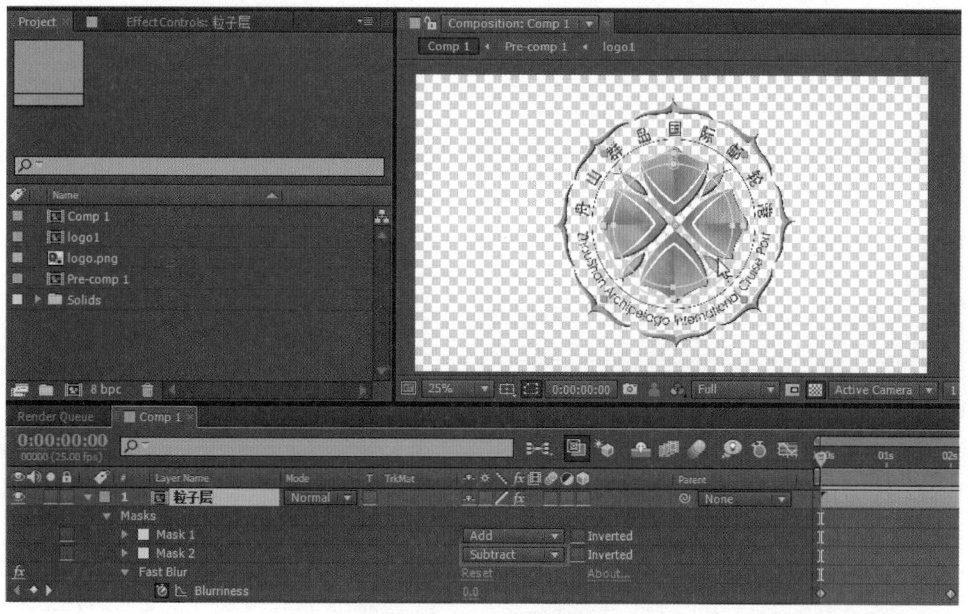


图6-26　绘制两个遮罩

14 单击“粒子层”，按【Ctrl+D】组合键，将“粒子层”额外再复制19层（一共20层粒子层），逐一将如图6-27所示的红框中的【Alpha】选项全部还原成【None】。还原的方法如图6-28所示，单击【Alpha】选项弹出下拉菜单，选择【No Track Matte】选项。

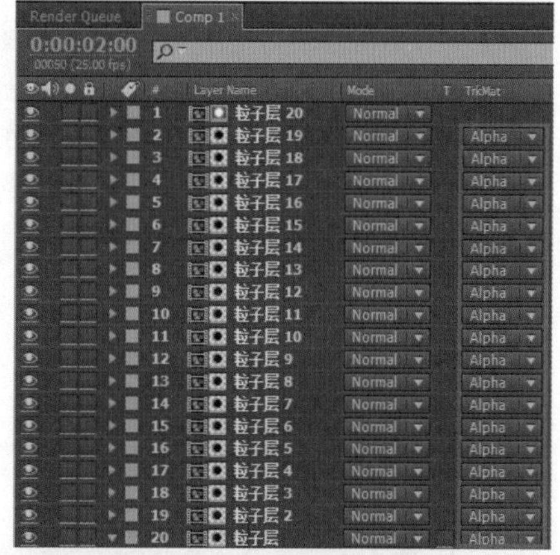


图6-27　复制20层粒子层

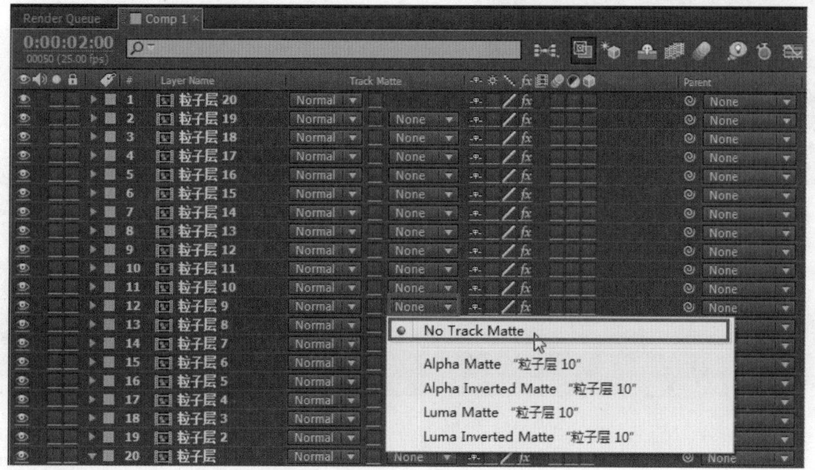


图6-28　修改20层粒子层的参数

15 选中“粒子层19”，在其特效编辑区找到【CC Pixel Polly】中的【Force】参数，将其调整为“95”，如图6-29所示。再将“粒子层18”中的【Force】改为“90”，“粒子层17”中的【Force】改为“85”，“粒子层16”中的【Force】改为“80”。以此类推，【Force】参数从上至下依次下降5个数，直到“粒子层”中的【Force】参数为“5”。

选中“粒子层20”，按快捷键【M】，快速显示“粒子层20”中的两个Mask，调整它们的大小。选中“Mask 1”，按【Ctrl+T】组合键，按住左键拖动如图6-30所示的红框中右下角的点，在拖动的同时按住【Shift】和【Ctrl】键，让Mask等比例中心放大，调整至合适大小，释放鼠标，同理调整“Mask 2”。注意，“Mask 2”的大小不得超过“Mask 1”。

16 改完“粒子层20”的两个Mask之后继续依次调整其余粒子层中的Mask，要注意的是，从上至下，粒子层与粒子层之间的Mask大小是有差别的，“粒子层20”中的两个Mask要稍大于“粒子层19”中的Mask，“粒子层19”中的两个Mask要稍大于“粒子层18”中的Mask，以此类推，直到最后，缩小至“粒子层”中的Mask，如图6-31所示。单击时间线编辑区中的层级，按住鼠标拖动层，将层与层之间错开5帧，如果看不到时间线上的帧数，可以按键盘上的加减号键来进行时间线缩放。最后的时间线排布如图6-32所示。

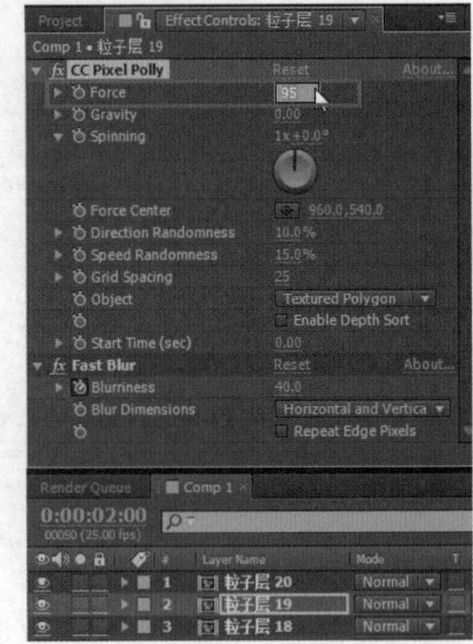


图6-29 【CC Pixel Polly】的参数设置

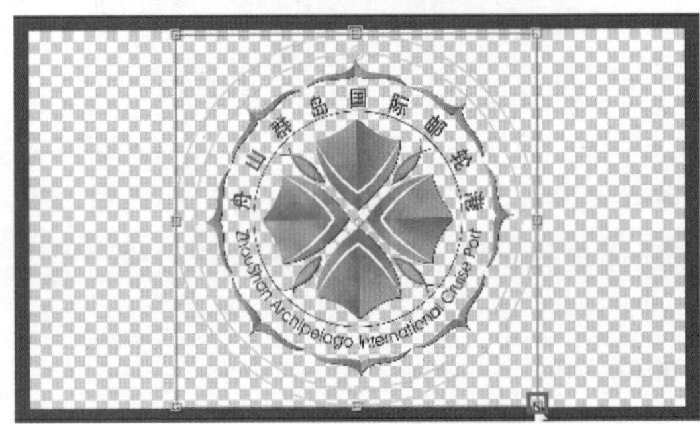

图6-30 “Mask 1”的调整

图6-31 “粒子层”的Mask示意图

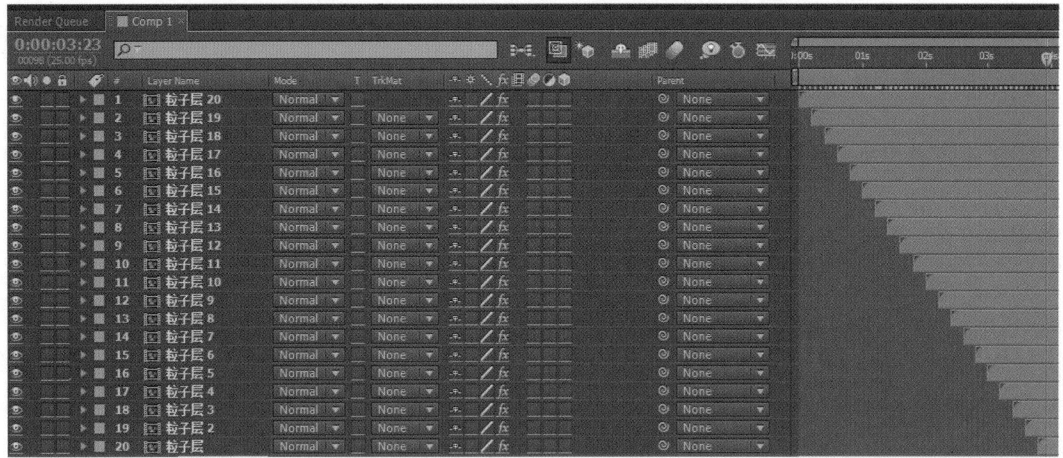

图6-32 时间线排布

17 按【Ctrl+Y】组合键，弹出【Solid Settings】对话框，将【Color】设置为白色，命名“Glow”，单击【OK】按钮建立新的固态层，放在“粒子层20”和“粒子层19”中间。选中“Glow”层，选择【Effect】>【Color Correction】>【Brightness & Contrast】命令，在其特效编辑区将【Brightness】参数调整为“30.0”。选择【Effect】>【Stylize】>【Glow】命令，效果器【Glow】参数为默认，如图6-33所示。

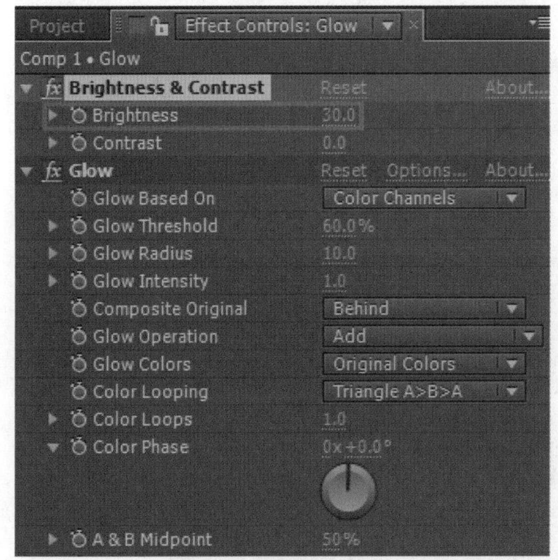

图6-33 亮度、对比度和辉光的参数设置

18 对“Glow”层绘制两个一大一小的圆形Mask，并分别将Mask叠加模式设为【Add】和【Subtract】，效果如图6-34所示。选择“Mask 1”，按【Ctrl+T】组合键控制遮罩大小，同时按住【Shift】和【Ctrl】键，使“Mask 1”等比例中心缩放。选择“Mask 2”，按【Ctrl+T】组合键控制遮罩大小，同时，按住【Shift】和【Ctrl】键，让“Mask 2”等比例中心缩放，但半径要略小于“Mask 1”。将时间线编辑区的光标移动至第0帧，分别单击“Mask 1”和“Mask 2”中的【Mask Path】前的关键帧记录器将其激活，如图6-35所示。

将时间线编辑区的光标拖曳到4秒处，选中“Mask 1”，按【Ctrl+T】组合键调整“Mask 1”的大小，使其缩至一个点，以同样的方法调整“Mask 2”的大小，效果如图6-36所示。展开【Masks】属性编辑栏，将两个Mask的【Mask Feather】参数均调整为“30.0，30.0 pixels”，如图6-37所示。最后单击“Glow”层，按快捷键【T】，将“Glow”层的【Opacity】参数改为“60%”。

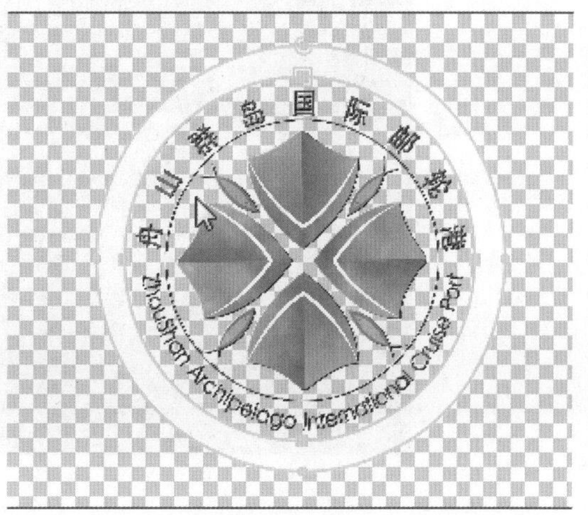

图6-34 “Glow”层的Mask示意图

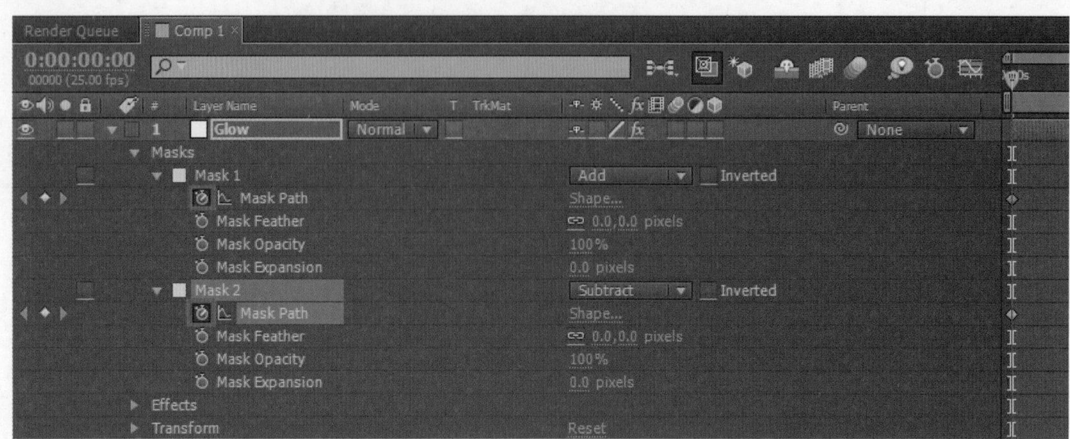


图6-35 激活Mask关键帧

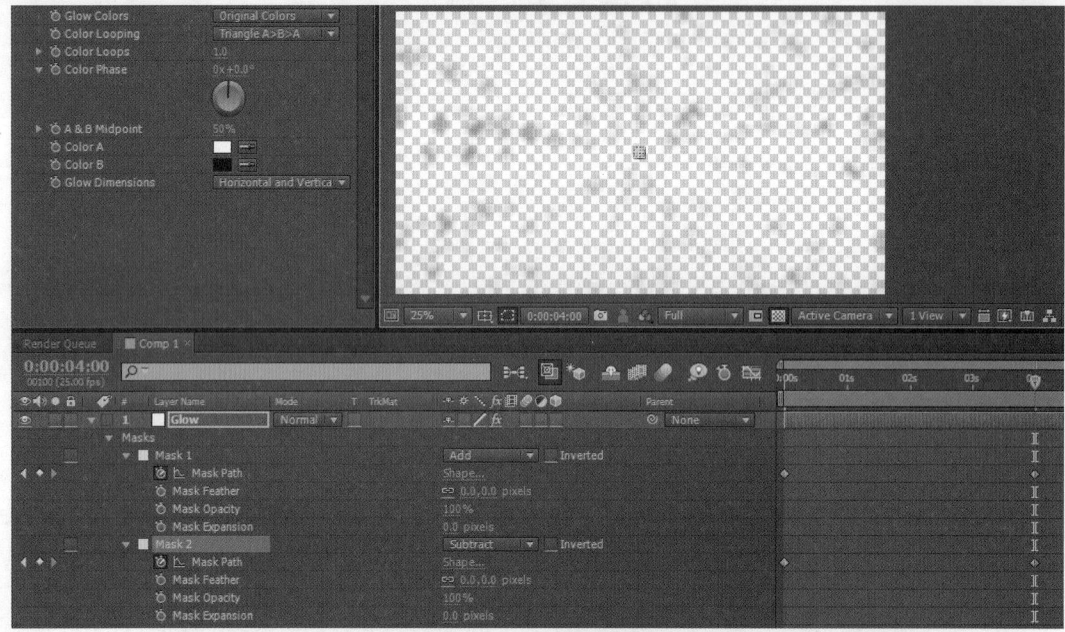


图6-36 Mask动画制作

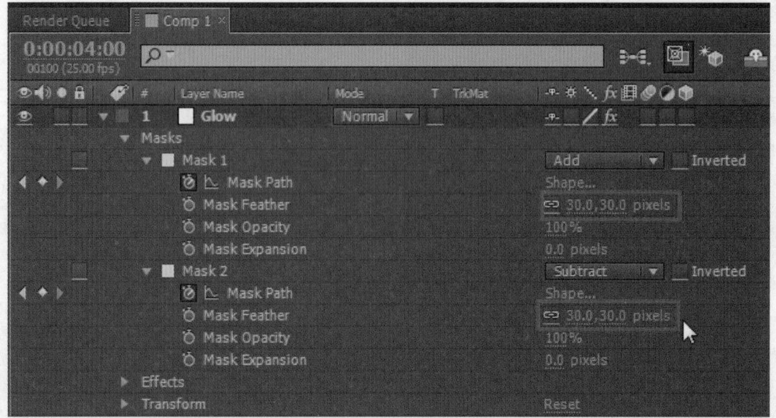


图6-37 Mask羽化

按小键盘上的【0】键，预览效果，效果如图6-38所示。

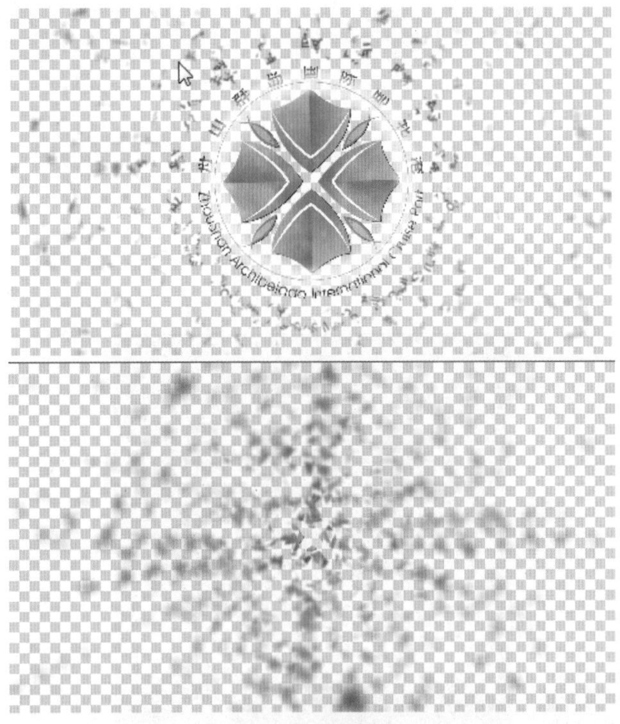
图6-38　视窗效果

19 选中所有的图层，按【Shift+Ctrl+C】组合键，创建嵌套层“Pre-comp 2”，右键单击“Pre-comp 2”层，选择【Time】下的【Time-Reverse Layer】命令，反转图层时间，如图6-39所示。

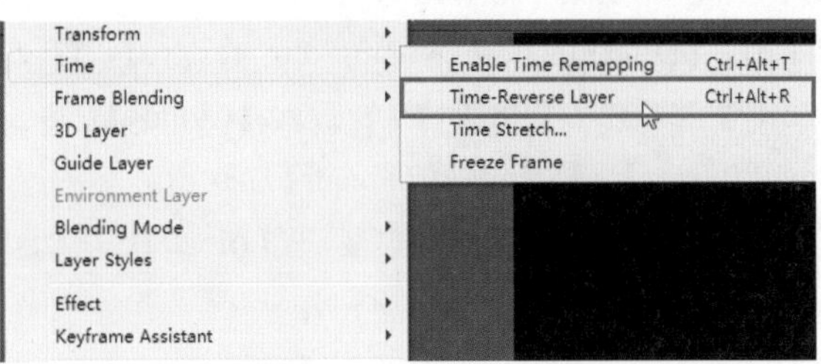

图6-39　反转图层时间

20 按【Ctrl+Y】组合键，创建一个“White Solid”层作为背景，放在最下面一层。至此便完成了破碎logo的制作，如图6-40所示。

图6-40　最终效果

# 知识点拓展

## 01 【Fractal Noise】的参数

【Noise】（噪波）在后期之所以被广泛运用，就是因为它的可变性，本章只运用了分形噪波。【Fractal Noise】（分形噪波）是噪波中最常见的一种，如图6-41所示，它常用来模拟水流、云彩和烟雾。下面具体介绍分形噪波的参数应用。

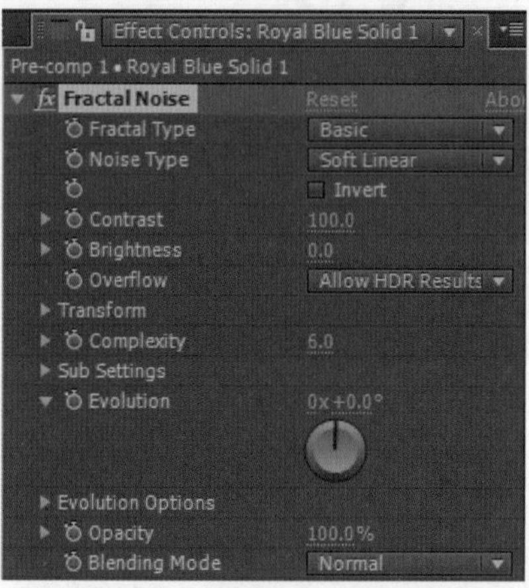


图6-41　【Fractal Noise】参数

【Fractal Type】（分形类型）：设置分形算法的类型，有【Basic】、【Smooth】、【Turbulent】、【Basic】、【Turbulent Sharp】、【Dynamic】、【Dynamic Progressive】、【Dynamic Twist】、【Max】、【Smeary】（污染）、【Swirly】（缠绕）、【Rocky】（岩石）、【Cloudy】（多云）、【Terrain】（地形）、【Subscale】（氧化）、【Small Bumps】、【Strings和Threads】17种。

【Noise Type】（噪波类型）：设置噪波算法的类型，有【Block】（块）、【Linear】（线性）、【Soft Linear】（柔和线性）和【Spline】（曲线）4种。

【Invert】：反向。

【Contrast】：对比度。

【Brightness】：亮度。

【Overflow】（溢出）：有【Clip】、【Soft Clamp】、【Wrap Back】、【Allow】、【HDR Results】5种方式。

【Transform】（变换）：控制噪波的【Rotation】（旋转）、【Scale】（缩放）、【Offset Turbulent】（位置偏移）等。

【Uniform Scaling】（等比缩放）：勾选表示等比缩放，取消勾选表示非等比缩放。

【Offset Turbulence】（偏移紊流）：控制噪波的位置偏移。

【Perspective Offset】（透视偏移）：勾选后可以开启噪波的透视偏移。

【Complexity】（复杂度）：控制噪波的复杂级别。值越小，纹理越大。

【Sub Settings】（细分设置）：控制噪波的【Sub Influence】（细分影响力）、【Sub Scaling】（细分缩放）、【Sub Rotation】（细分旋转）和【Sub Offset】（细分位置偏移）。

【Evolution】（演变）：控制噪波的分形变化相位。

【Evolution Options】（演变选项）：控制噪波分形变化的【Cycle Evolution】（循环演变）和【Random Seed】（随机种子）。

【Opacity】（不透明）：控制噪波的不透明程度。

【Blending Mode】：设置噪波的层叠加模式，有17种模式可选。

## 02 【Levels】特效

色阶虽然在Photoshop中常常用到，但是对于【Levels】的查看、调整方法，很多人还存在着疑问。打开【Levels】效果器，如图6-42所示。从图6-42中可以看出，暗部和亮部区域的数值几乎为零，而中间调的数据较多，曝光区则没有数据。在【Levels】效果器中可以看见左中右3个箭头。左边的箭头代表暗部的位置，中间的箭头代表中间调的位置，右边的箭头代表亮部的位置，如图6-43所示。

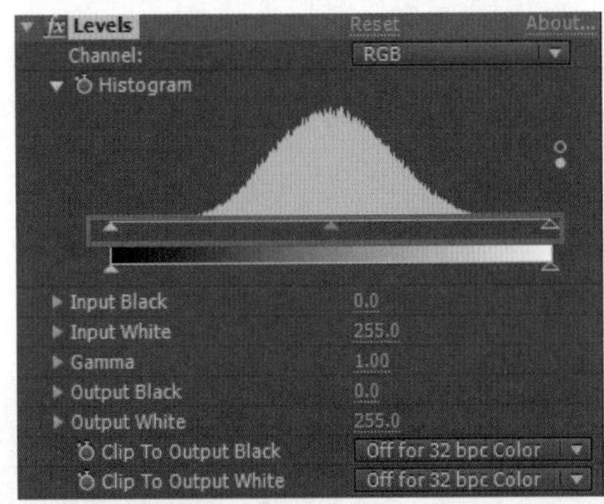


图6-42　【Levels】效果器

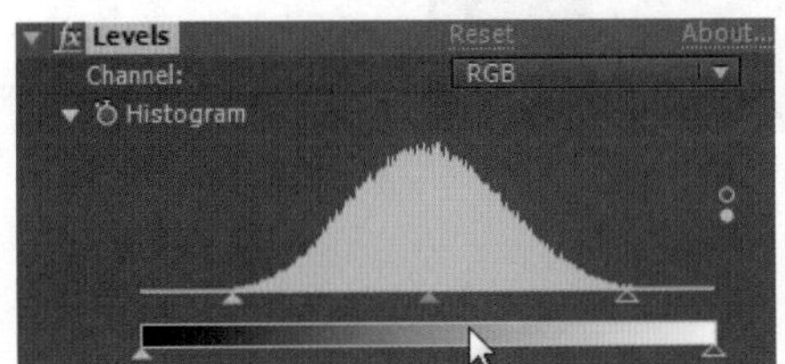


图6-43　【Levels】效果器中3个箭头的位置

下面简单介绍【Levels】的参数设置。

【Input Black】：亮部不变，只改变暗部和中间调。

【Input White】：暗部不变，只改变亮部和中间调。

【Gamma】：只改变中间调。

【Output Black】：暗部输出。

【Output White】：亮部输出。

在正常的画面中，暗部、亮部以及中间调是要同时存在的，这样画面的色彩才完整，色彩完整后，只需对分别对应的亮部、中间调和暗部的三个箭头进行一定的平移调整[a]就可以得到满意的画面。

色阶除了能调整RGB整体色值以外，也能针对R、G、B三个颜色进行调整[b]，如图6-44所示为对红色色阶的调整。

**技巧**

ⓐ在一级调色中，常把【Levels】的调整作为第一步。

**注意**

ⓑ这里调整的只是红绿蓝的亮度信息，而并非色彩信息。

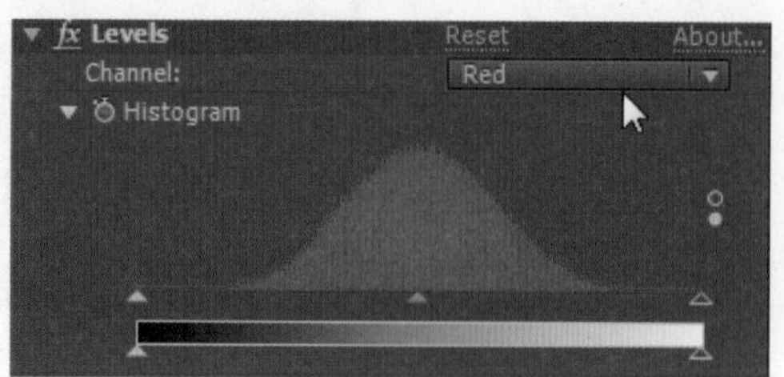


图6-44　调整红色色阶

## 03 绘制遮罩的方法

绘制Mask的方法有很多种，最常用的一种方法是利用钢笔工具进行绘制，另一种则是通过上下层的遮罩关系进行创建。【Alpha Matte】就是通过上层对下层的影响来形成遮挡关系，从而实现Mask的绘制。以任务一的步骤3为例，针对“Black Solid 1”层，在下拉菜单中选择【Alpha Matte“logo 2”】，就是以“Black Solid 1”的上层“logo 2”作为Alpha遮罩，即在“Black Solid 1”中仅保留Alpha遮罩部分，完成“Logo2”层对“Black Solid 1”的遮挡。通过这种方法，可以快速获得遮挡©关系，如图6-45所示。

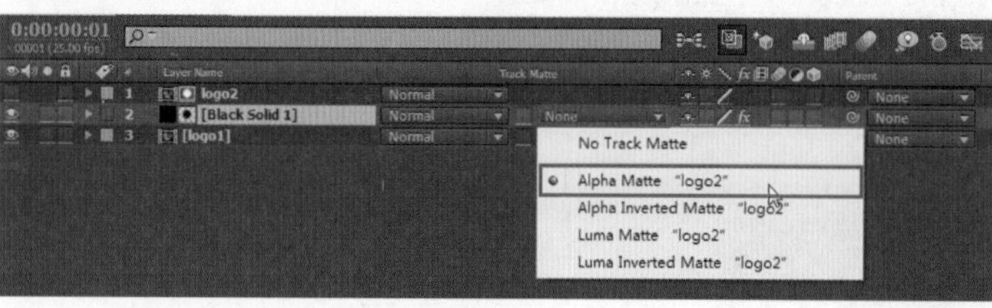


图6-45　遮罩选项的下拉菜单

> **技巧**
>
> ©单击“Black Solid 1”层的【None】，弹出下拉菜单，【No Track Matte】选项是指不做任何遮罩，也就是None；【Alpha Matte“xxx”】选项是指将上面一层作为遮罩；【Alpha Inverted Matte“xxx”】是指将上面一层作为反向遮罩；【Luma Matte“xxx”】是指将上面一层的亮度信息作为遮罩；【Luma Inverted Matte“xxx”】是指将上面一层的亮度信息作为反向遮罩。

## 04 Mask的使用技巧

由本章案例可知，当绘制一个圆形Mask后，要想再利用Mask绘制圆环一般有两种方法。

第一种是再绘制一个小的“Mask”，然后将它的叠加模式改为【Subtract】，这种方法可行，但是其不能保证圆环内外是同心圆，需要更加精确的坐标。

第二种方法是选中“Mask 1”，按【Ctrl+D】组合键，将“Mask 1”复制一层。展开【Masks】属性编辑栏，将“Mask 2”的【Mask Expansion】的参数修改为“-20”后，再将它的叠加模式改为【Subtract】，如图6-46所示。这样就轻松地得到了一个同心圆ⓓ，效果如图6-47所示。

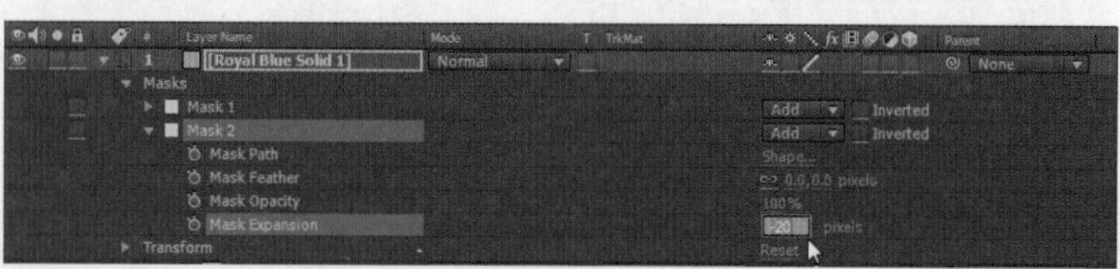


图6-46　修改【Mask Expansion】参数

图6-47　圆环效果图

**技巧**

ⓓ要想整体调整Mask的大小，只需要选中要调整的Mask或几个Mask，然后按【Ctrl+T】组合键，移动上下左右的控制点就能进行旋转、缩放以及拉升，如图6-48所示。在拉伸的时候如果什么键都不按，那么系统会默认左上角固定缩放；如果按住【Shift+Ctrl】组合键就可以实现中心缩放。

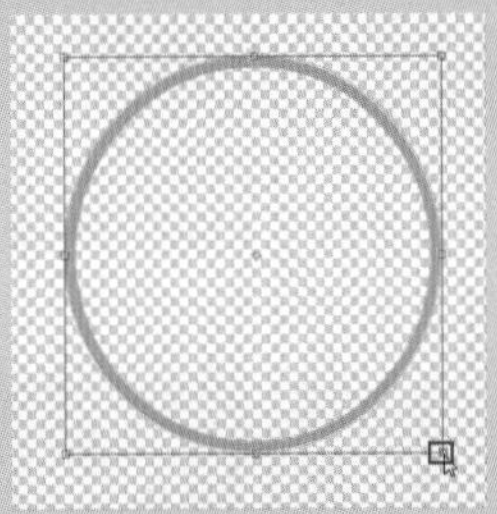

图6-48　调整Mask大小

# 独立实践任务（3课时）

## 任务二 制作华铁logo破碎效果

### 任务背景

巩固本模块学习的粒子特效，熟练掌握快速模糊和粒子技术。

### 任务要求

使用【CC Pixel Polly】、【Fast Blur】、【Glow】特效，为素材文件夹内的“华铁logo”素材制作粒子效果。

播出平台：多媒体、电视台。

制式：PAL制。

【解决问题】通过应用【CC pixel Polly】特效制作粒子效果，结合comp层的运用使画面连贯自然，添加【Glow】光效为其增添亮点。

【应用领域】影视后期。

【素材来源】光盘\模块06\素材\华铁logo.ai。

【效果展示】光盘\模块06\效果展示\logo演绎展示.mov。

## 任务分析

## 主要制作步骤

# 课后作业

1. 填空题

（1）在本章案例中，为了让平面的logo变得更有质感，用到了_______、_______、_______3个效果器的叠加。

（2）【Levels】是常用的色彩校正效果器，它能调整_______、_______、_______3个区域的亮度。

2. 单项选择题

（1）绘制圆形遮罩时，用_______可以快速创建Mask。

A. Rectangle Tool　　B. Star Tool

C. Ellipse Tool　　D. Polygon Tool

（2）整体调整Mask大小的组合键是_______。

A. Ctrl+D　　B. Ctrl+E　　C. Ctrl+A　　D. Ctrl+T

3. 多项选择题

（1）绘制Mask的方法有_______。

A. 使用【Pen Tool】工具

B. 使用【Polygon Tool】工具

C. 使用【CC pixel Polly】工具

D. 使用【Solid】工具

（2）在任务一的第14步中，复制19层“粒子层”的目的是_______。

A. 方便以后修改，一层出错了可以用另一层代替

B. 层数多了之后将层的关键帧错开可以有美观的效果

C. 达到收放logo的目的

D. 没什么用，在接下去的步骤中需要删掉

4. 简答题

简述【Levels】效果器中，RGB、Red、Green、Blue状态下的图形有什么相同点和不同点。

# 模块

## 商业广告片
## ——金迪门广告

**能力目标**

掌握影视广告制作中抠像和抠像背景合成的应用

**专业知识目标**

1. 掌握抠像技术
2. 掌握抠像合成背景技术

**软件知识目标**

1. Keylight抠像插件的使用方法
2. 动态Mask遮罩的处理

**课时安排**

6课时（讲课3课时，实践3课时）

## 任务参考效果图

# 模拟制作任务（3课时）

## 任务一 蓝屏抠像之《金迪门广告》

### 任务背景

《金迪门广告》是一部典型的商业广告片。通过前期与客户的沟通，以及广告公司前期的创意策划，整个广告将通过虚拟背景与现实场景的转换，体现一种简约生活品质的理念，作为展现金迪门“简单组合，享受生活”这一口号的主要方式。

### 任务要求

根据前期创意脚本，广告中存在着大量的虚拟场景向现实场景转变的展示，同时也需要有实拍人物在同一场景中的展现。这种创意脚本无疑给整个广告的拍摄和制作带来了很大的难度。这种难度一方面是由于虚拟场景需要用三维软件进行制作，需要大量的制作和三维渲染时间，另一方面在于镜头中存在人物的实拍画面，这种实拍画面需要和三维软件制作的虚拟场景进行结合。由于需要制作这种虚拟场景与实拍人物合成的镜头，制作团队决定采用“蓝屏拍摄+三维制作虚拟场景”的技术手段来实现广告的整个创意。

### 任务分析

在本广告中，制作团队采用了“蓝屏拍摄+三维制作虚拟场景”的技术手段来完成广告中大量镜头的制作。蓝屏拍摄主要涉及抠像[01]、抠像背景[02]合成相关技术、空间匹配以及色彩匹配等很多复杂的合成技术。

### 本案例的重点、难点

【Keylight】和【Matte Choker】特效的使用。

【技术要领】掌握【Keylight】、【Matte Choker】特效的应用。

【解决问题】蓝屏拍摄抠像处理，抠像背景合成处理。

【应用领域】影视后期。

【素材来源】光盘\模块07\素材。

【效果展示】光盘\模块07\效果展示\金迪门——科技篇.mpg。

## 操作步骤详解

### 新建工程文件并导入素材

01 启动After Effects CS6。如图7-1所示，在引导页对话框中单击【New Composition】选项，弹出【Composition Settings】对话框，将【Composition Name】命名为“金迪门镜头抠像”，设定【Preset】为“HDTV 1080 25”，设定【Resolution】为“Full”，设定【Duration】为“0:00:05:00”，如图7-2所示。单击【OK】按钮完成项目工程文件的设置，保存项目文件至硬盘。

图7-1　新建项目工程文件

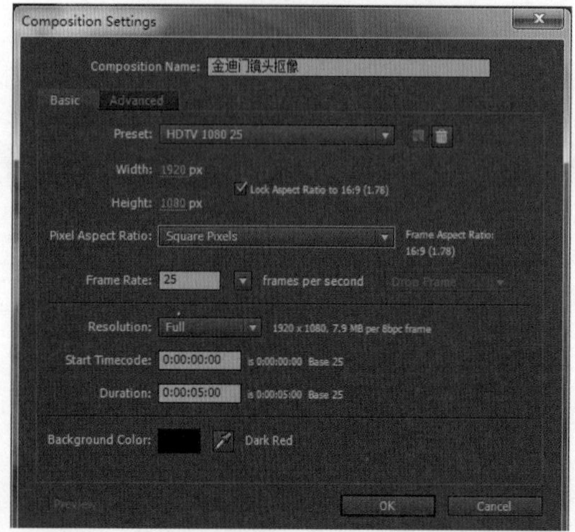


图7-2　设置项目工程文件参数

02 选择【File】>【Import】>【File】命令，弹出【Import File】对话框，选择“模块07\素材\蓝幕抠像\qj_ym_s_#.png”序列帧素材文件，选中左下方的【PNG Sequence】复选框，单击【打开】按钮完成帧素材导入，如图7-3所示。

03 如图7-4所示，在【Project】编辑区右击“qj_ym_s_[000-124].png”素材，在弹出的快捷菜单中选择【Interpret Footage】>【Main】命令，弹出【Interpret Footage】对话框。在【Fields and Pulldown】选项组中的【Separate Fields】下拉列表中选择【Off】选项（无场），如图7-5所示。单击【OK】按钮完成场信息的设置。

图7-3　选择序列帧素材

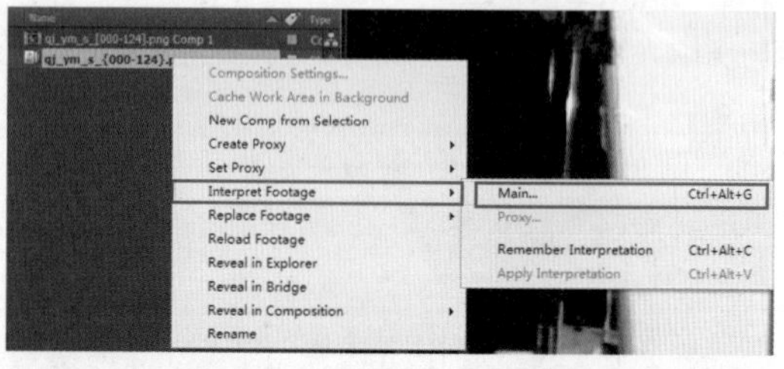


图7-4　项目工程文件右键菜单

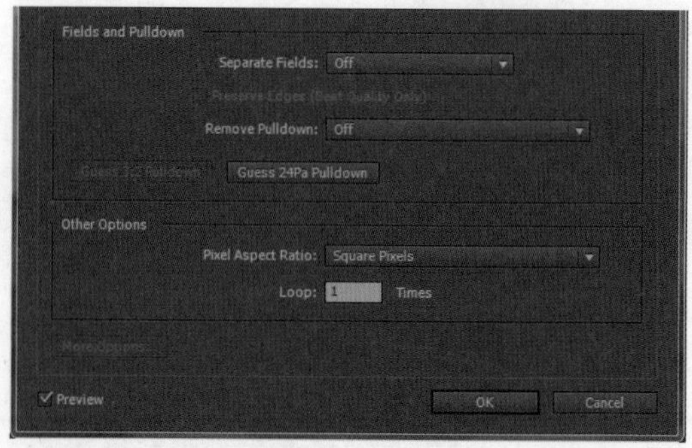


图7-5　素材设置

04 设置【Frame Rate】选项组中的【Assume this frame rate】为“25” frames per second，如图7-6所示，将素材拖入“金迪门镜头抠像Comp”，确认时间线及合成窗口。

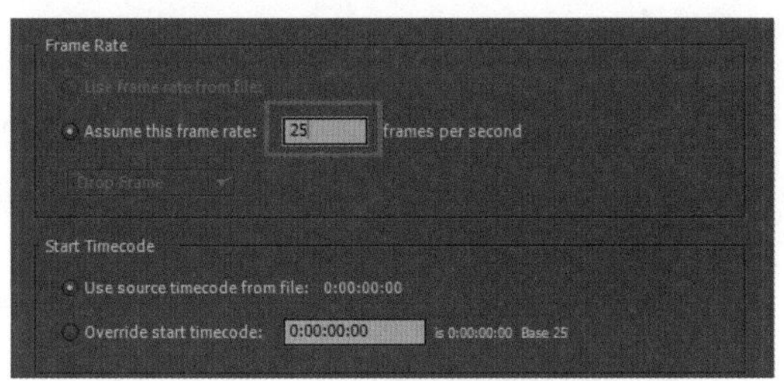


图7-6　时间线合成窗口

## 抠像操作

05 选中时间线编辑区中的“qj_ym_s_[000-124].png”层文件，单击时间线窗口上的【Source Name】，将层素材名字显示切换为【Layer Name】。单击“qj_ym_s_[000-124].png”层文件，按键盘上的【Enter】键，将层名称改成“实拍人物+门”，如图7-7所示。选择【Effect】>【Keying】>【Keylight（1.2）】命令，如图7-8所示。

图7-7　素材层命名

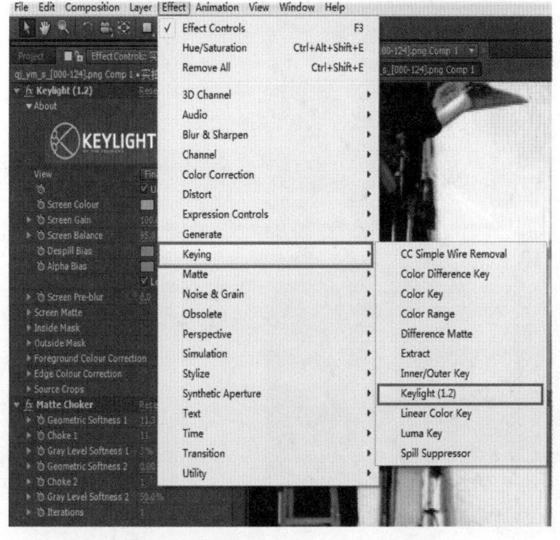


图7-8　选择Keylight（1.2）滤镜

06 在Keylight（1.2）特效窗口中，选择【Screen Colour】边上的吸管工具。将吸管在视频素材的蓝色背景上点一下，蓝色背景就抠除了大部分。将【Screen Gain】参数设为“100.0”，【Screen Balance】参数设为“95.0”，如图7-9所示。这样就可以将蓝色幕布抠除干净了，效果如图7-10所示。

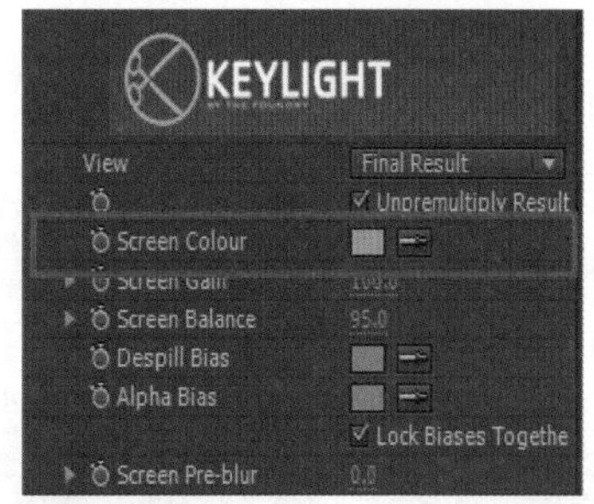


图7-9　Keylight（1.2）特效参数设置

图7-10　蓝色幕布抠除后效果

07 再选择【Effect】>【Matte】>【Matte Choker】命令进行收边处理，如图7-11所示。

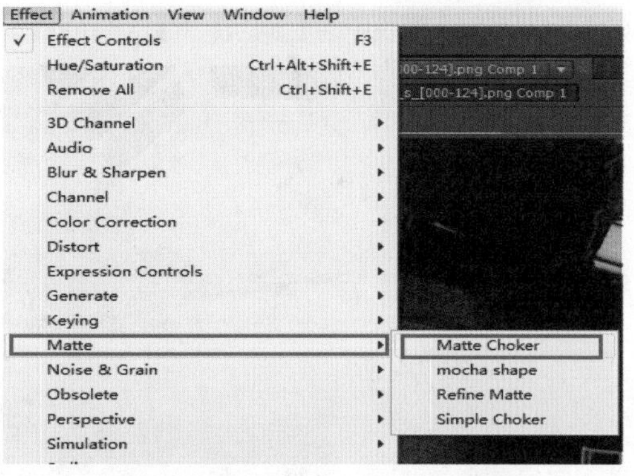


图7-11　选择【Matte Choker】滤镜

08 将【Geometric Softness 1】设置为“11.3”，将【Choke 1】设置为“11”。将【Gray Level Softness 1】设置为“3%”，将【Choke 2】设置为“1”，将【Gray Level Softness 2】设置为“50.0%”，参数如图7-12所示。

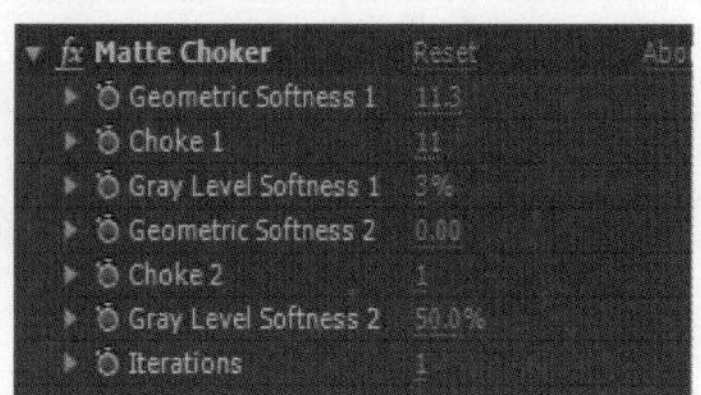


图7-12　【Matte Choker】参数设置

09 选择钢笔工具，利用Mask将门和人从画面中抠除，如图7-13所示。单击【Masks】>【Mask 1】>【Mask Path】前的小闹钟按钮，设置关键帧，保证遮罩在运动过程中没有穿帮，如图7-14所示。

图7-13　Mask绘制遮罩

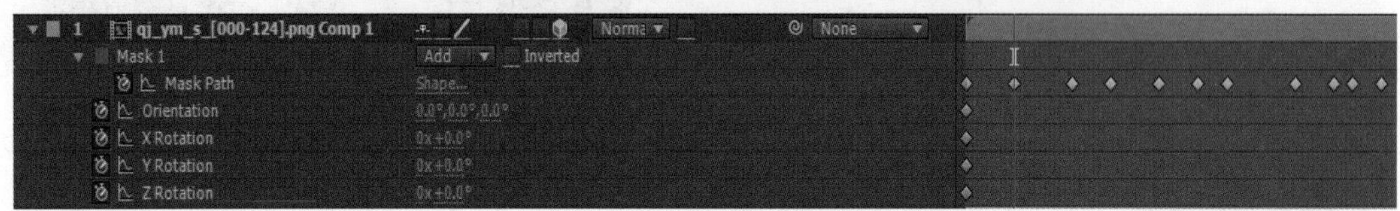


图7-14　Mask关键帧设置

10 按小键盘上的【0】键，进行合成背景效果预览，根据预览结果适当调整“金迪门镜头抠像comp”的【Transform】属性中的【Scale】和【Position】参数，直至合成背景符合要求，合成效果如图7-15所示。

图7-15　合成效果

# 知识点拓展

## 01 蓝屏抠像原理介绍

在电脑后期合成中，这种蓝屏抠像也称作色度键（Chroma Keying）抠像，每个合成软件都有自己的色度键工具或应用第三方插件可实现这类抠像。色度键工具可以给前景指定一个颜色范围，并把这个颜色范围之内的像素从画面中挖掉，空出部分会透出背景层画面，这样就实现合成了。此时前景画面的全白色Alpha通道[a]会出现黑色和过渡灰色。而Alpha通道是控制图像透明与否的通道，正常画面中Alpha通道全部是白色的，表示画面完全不透明，相应的Alpha通道值设为0，如图7-16所示；抠像完成后，Alpha通道呈现的变化，说明色度键抠像是利用画面色彩的差异，给Alpha通道定义明暗的工具。被抠掉的画面Alpha通道为黑色，相应的Alpha通道值设为1，如图7-17所示。同时，色度键工具还允许设定一个过渡颜色的范围，在这个范围内，Alpha通道表现为灰色，数值在0到1之间，也就是半透明部分。半透明部分一般出现在前景物体的边缘、影子、烟雾、运动模糊等位置，这类半透明对于后期合成是非常重要的，最后画面的真实度与柔和过渡都是依赖这些部分来体现的，如图7-18所示。

图7-16　原图及原图的Alpha通道，数值全部可以定义为0

图7-17　抠像完成图及抠像完成的Alpha通道，黑色部分的通道数值为1[b]

**经验**

ⓐAlpha通道是一个8位的灰度通道，该通道用256级灰度来记录图像中的透明度信息，定义透明、不透明和半透明区域，其中黑表示全透明，白表示不透明，灰表示半透明。例如，一个使用16位存储的图片，可能5位表示红色，5位表示绿色，5位表示蓝色，一位是Alpha。在这种情况下，它要么表示透明要么表示不透明。一个使用32位存储的图片，每8位表示红、绿、蓝和Alpha通道。在这种情况下，Alpha通道不仅可以表示透明或不透明，还可以表示256级的半透明度。

**注意**

ⓑ在抠像中必须尽可能多地保留Alpha通道灰色的部分，灰色的部分是半透明部分，正因为有灰色部分，所以像头发这样半透明的元素才不会被抠除。

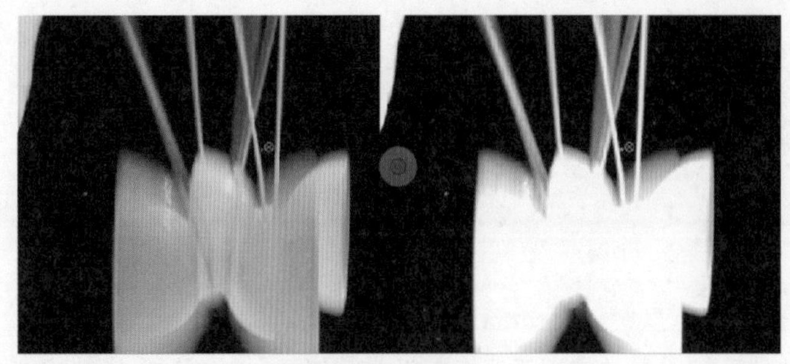

图7-18　抠像完成图的Alpha通道，灰色部分就是半透明，数值为0到1之间

## 02 抠像背景的选择

由于这类抠像方法是基于颜色差异来实现Alpha通道变化和提取的，因此从理论上讲，只要背景所用的颜色在前景中不存在，就可以使用任何颜色来做背景。但实际操作中，一般都使用蓝背景或者绿背景，原因是人类身体的自然颜色中不包含这两种色彩，用这两种颜色做背景不会和前景人物混在一起；而且这两种颜色又是电视三原色[c]中的色彩，也较容易处理。因此，绿背景和蓝背景都可以根据需要选择使用，如图7-19所示。

**经验**

ⓒ三原色由红、绿、蓝三种基本颜色构成。原色是指不能通过其他颜色的混合调配而得出的“基本色”。以不同比例将原色混合，可以产生其他的新颜色。以数学的向量空间来解释色彩系统，则原色在空间内可作为一组基底向量，并且能组合出一个“色彩空间”。由于人类肉眼有三种不同颜色的感光体，因此所见的色彩空间通常可以由三种基本色所表达，这三种颜色被称为“三原色”。一般来说叠加型的三原色是红色、绿色、蓝色，而消减型的三原色是品红色、黄色、青色。

图7-19　蓝绿屏抠像

常见的欧美国家使用绿背景较多，因为大多数欧美人的眼睛是蓝色的。而在胶片拍摄的时候，现场也多选用绿背景，其原因和胶片[d]本身有关。大家知道，胶片的三基色是黄色、品红和青色，为了理解方便，也可以用红、绿、蓝来模拟表现。因为在胶片的生产中，感绿层在最上面，而感蓝层在最下面，也就是光要先通过绿色、红色感光层，最后才能落到蓝色感光层上。而光线即使通过透明层，也会有衰竭。例如，100%的光线达到绿色感光层，落到红色感光层的可能只有80%，记录到蓝色感光层的或许只有60%了。为了让每种颜色达到一样的曝光量，只能提升红色和蓝色的感光灵敏度，相当于平时说的ISO数值。但是提升感光灵敏度是以牺牲颗粒细腻为代价的，如图7-20所示。

**技巧**

ⓓ电影胶片是制作影片用的感光材料的总称，是将感光乳剂涂布在透明柔韧的片基上制成的感光材料，包括电影摄影用的负片、硬拷贝用的正片、复制用的中间片和录音用的声带片等。这些胶片的结构大体相同，都由能感光的卤化银明胶乳剂层和支持它的片基层两大部分组成。

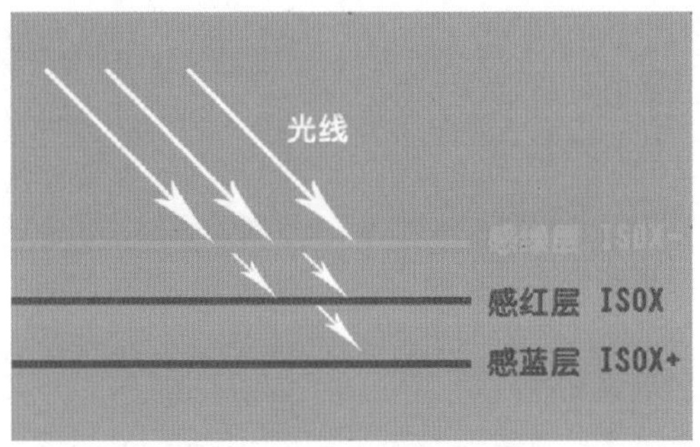

图7-20　胶片通光量模拟图示

因此，对于胶片来说，其中的绿层[e]颗粒最细腻，而蓝层颗粒比较粗，故选择绿色作为抠像的背景，可以获得较高的信噪比。

当然，蓝、绿背景的选择还与合成背景的色彩范围有关，如果是蓝天白云，当然选择绿色作为背景抠像；如果是绿地草原，则选择蓝色背景更为合适。

对于蓝、绿背景的选择还与人种的肤色[f]有关，欧美人是白皮肤，那么在灯光照射下的摄像机里呈现出偏紫的肤色，这种情况下无论是蓝背景还是绿背景都一样。而亚洲人的皮肤是黄色的，那么在绿布环境下在摄像机中总会有绿色反射到人物的皮肤上，有色彩经验的人都会知道，当绿色和黄色混合在皮肤上时就会产生一种营养不良的感觉，所以建议大家在条件允许的情况下，拍摄亚洲人皮肤的时候用蓝背景。

对于蓝、绿背景的选择还有一个非常重要的条件，也是在抠像操作时非常需要注意的，就是在抠像时要结合背景一起抠像。也就是说抠像操作要以背景的情况为参考。在拍摄需要蓝、绿背景镜头的时候，往往都是有了分镜头剧本之后再去拍摄，那么最终需要合成的背景会比较亮还是比较暗都在拍摄之前就已经确定了。在做抠像时有一个原理，用蓝布拍摄的镜头抠像完之后，画面边缘会出现黑边，而用绿布拍摄的镜头抠像完后会出现亮边，根据这样的特性，再根据分镜头脚本合成背景。在拍摄之前就可以选择需要用什么颜色的布进行拍摄。如果前景合成到暗背景上就用蓝布拍摄，如果合成到亮背景上就用绿布拍摄。大家应该都看过《指环王》[g]这部电影，其中的很多镜头都是非常暗的色调，它就是在蓝背景上进行拍摄的。

以上就是对蓝背景和绿背景选择的分析，在选择的时候，如果上述条件出现矛盾，则要根据自己对画面处理的能力选择布的颜色。这里首先考虑背景的因素，因为大家都知道，抠像画面最难处理的就是边缘的部分。边缘处理好了，别的问题相对简单一些。

## 03 抠像前期拍摄的准备工作及注意事项

如今，随着抠像技术的发展，这种合成制作手段也越来越多

**技巧**

ⓔ抠像的素材遇到胶片素材时，有一点需要注意，那就是尽可能用绿布作为背景布。

**技巧**

ⓕ不要一味地向欧美学习，看到很多欧美制作花絮中是利用绿布进行抠像处理就认为在抠像中绿布会比较好。这是错误的。在选择色彩布时还要考虑肤色等因素。

**经验**

ⓖ“抠像”即“键控技术”，在影视制作领域是被广泛采用的技术手段，实现方法也普遍为人所知——看到演员在绿色或蓝色构成的背景前表演，但这些背景在最终的影片中是见不到的，这运用了键控技术。《指环王》中非常灰暗的场景在现实中是根本无法看到的，它用灰暗的背景画面替换了蓝色或绿色，这就是“抠像”。当然，“抠像”并不是只能用蓝或绿两种颜色，只要是单一的、比较纯的颜色都可以，但是需要注意的是，所选择的颜色与演员的服装、皮肤的颜色反差越大越好，这样键控比较容易实现。

地应用于实际成片中。由于这是一个需要前期拍摄和后期制作相互协作的制作方法，因此前期拍摄素材的质量好坏将直接影响后面的抠像工作是否能顺利完成。对于任何抠像软件都可以说，前期的拍摄已经决定了抠像制作是否成功。要获得较好的抠像素材，前期拍摄一般要遵循以下几个方面的规律进行调整。

(1) 背景的纯色布料或墙面均匀布光，并保持背景高亮，即使监视器前感觉饱和度不高也没有关系，这完全是视觉造成的，其实画面记录的饱和度还是相当高的。因此，不要为了追求监视器上背景的蓝色饱和度[h]而降低照度。而且新的抠像软件和传统抠像工具不同，传统抠像工具只把色度范围作为抠像依据，而对背景的亮度也作为抠像的考量因素。

(2) 尽可能地拉开前景拍摄人物和背景墙面（布料）的距离，目的是让背景颜色尽量少地反射到前景上，减少背景色的干扰。

(3) 当对现场光照度不是十分有把握时，应尽量避免让演员穿带有绒毛的衣物，也不要打理出爆炸式的发型，因为在光照不足的情况下，这些绒毛状的前景边缘会融合到背景中，不利于抠像处理，会造成抠像不干净，产生闪烁；或是牺牲了这些边缘细节，导致图像合成较“假”。如果是DV拍摄的素材，记录用的是4∶2∶0的采样方式，色轮廓损失比较大。即使光照够的情况下，在抠像前还是要进行预处理，如果模糊色轮廓边缘，会导致前景画面绒边细节丢失，因此DV拍摄的画面也不建议出现大量的绒边。

(4) 要完成抠像，当然也会用到一些辅助的噪点和边缘处理软件，如Matte Choker[i]等。这些辅助软件确有锦上添花的作用，却很少能完成雪中送炭的重任，所以千万不要太寄希望于这些处理来达到理想的抠像合成效果，还是要按部就班地、高质量地完成前期拍摄工作，不能马虎凑合。

**注意**

ⓗ饱和度也称色彩的纯度。饱和度取决于该色中含色成分和消色成分（灰色）的比例。含色成分越大，饱和度越大；消色成分越大，饱和度越小。

**技巧**

ⓘ【Matte Choker】是After Effects滤镜组中用于对图像Alpha通道进行收边处理的工具，使用【Matte Choker】可以迅速有效地对图像的Alpha通道进行收边等比缩小。

# 独立实践任务（3课时）

## 任务二　蓝屏抠像之《西湖四季》

### 任务背景

《西湖四季》是一部杭州市旅游宣传专题片，以杂技为表现手法，通过四个季节的变化表达出杭州这一千年古城的怡人景色与城市底蕴。本任务为《西湖四季》中《冬》的棚拍镜头，通过中国传统杂技项目“抖空竹”和西方古典“芭蕾舞”的完美结合体现出杭州中西文化和谐交融的城市氛围。

### 任务要求

由于拍摄季节的限制，不能用实拍画面展现西湖一年四季中冬天的景象，所以必须采用蓝屏拍摄辅助后期抠像合成背景来展现西湖四季中冬的景象。本任务需要对《西湖四季》中《冬》的棚拍人物进行蓝屏抠像。

播出平台：多媒体。

制式：PAL制。

【技术要领】蓝屏抠像；抠像边缘处理。

【解决问题】结合软件特效进行蓝屏抠像处理。

【应用领域】影视后期。

【素材来源】光盘\模块07\素材\冬季蓝屏抠像.avi。

【效果展示】光盘\模块07\效果展示\冬季蓝屏抠像制作效果对比.mov。

### 任务分析

____________________

### 主要制作步骤

____________________

# 课后作业

1. 填空题

（1）【Keylight】特效主要应用于影视后期制作中的______领域。

（2）在层【Mask】属性中的______属性可以对图像动态Mask进行控制。

2. 单项选择题

（1）以下【Keylight】的工具中，______特效命令可以对画面的Matte进行边缘模糊。

A.【Screen Shrink/Grow】

B.【Screen Softness】

C.【Screen Despot Black】

D.【Screen Despot White】

（2）以下【Keylight】的工具中，______特效命令可以对画面的Matte进行边缘收缩。

A.【Screen Shrink/Grow】

B.【Screen Softness】

C.【Screen Despot Black】

D.【Screen Despot White】

3. 多项选择题

（1）关于画面动态Mask绘制，下列描述正确的是______。

A. 画面动态Mask绘制可以使用钢笔工具

B. 画面动态Mask绘制不需要用到关键帧

C. 画面动态Mask绘制必须逐帧绘制Mask

D. 画面动态Mask绘制需要使用钢笔工具辅以关键帧来完成

（2）关于【Keylight】抠像应用，下列描述正确的是______。

A.【Keylight】是After Effects上重要的抠像插件

B.【Keylight】是After Effects上唯一的抠像插件

C.【Keylight】可以处理绝大多数情况下的抠像画面

D.【Keylight】抠像可以独立解决所有的抠像画面

# 模块 08

## 城市形象宣传片
## ——杭州临安

**能力目标**

1. 掌握色彩调整的原理及方法
2. 学会利用Mask（遮罩）对局部画面进行调整

**专业知识目标**

1. 掌握通过关键帧设定动画的方法
2. 了解层编辑、新建层以及Comp的概念

**软件知识目标**

1. PAL制项目工程文件设置
2. PSD文件素材导入
3. 层级关系——父子层关系、运动模糊

**课时安排**

6课时（讲课3课时，实践3课时）

## 任务参考效果图

# 模拟制作任务（3课时）

## 任务一　“箭门关”镜头的色彩调整

### 任务背景

这是一则为临安制作的旅游广告片，意在突出临安的生态环境，宣传临安的生态旅游品质。临安是一个森林覆盖率将达到80%的城市。有丰富的生态资源与旅游资源。客户要求对临安宣传片中的生态环境和旅游环境进行强化。在宣传临安旅游资源的同时，提高临安的知名度。

### 任务要求

- 将整体画面进行色彩调整[01]，来弥补前期拍摄中产生的不足。
- 播出平台：多媒体、中央电视台及各地方电视台。
- 制式：PAL制。

### 任务分析

在任务之初，制作人员了解了客户对这则宣传片的定位之后敲定本片的主题为“杭州临安——一座会呼吸的城市”。

1. 对宣传片的进一步理解

对于不了解临安的人来说，她所产生的印象可能仅仅停留在“森林度假城市”的表层，但通过深层解读，临安神秘的水系源头和大量有影响力的殊荣，让我们不由得发出惊叹。或者说，临安不再局限于那种小家碧玉的形象，大量无可复制的亮点理应将她打造成为一个生态城市的典范，甚至标准。

然而，在宣传片中，千篇一律的山水本色往往让画面流于平淡，全面撒网的结果又冲淡了她作为呼吸城市的整体印象。

因此，在这次修改中，我们进行了深度的挖掘，把吸引人们眼球的亮点进行放大，并清晰传达。

我们维系了原有的结构：山水—文化—发展。但重点发生了改变。

- “山水”这一部分中，我们重点讲水系源头、森林覆盖率、丰富生态资源、国家自然保护区等。
- “文化”这一部分中，我们重点讲吴越文化、禅文化、非物质文化遗产和乡土文化。
- “发展”这一部分中，我们重点讲旅游度假、浙江林学院、高新技术产业、融入大都市等内容。

2. 影片思路及段落衔接

- 引子：由一首绝妙的诗“天目山垂两乳长，龙飞凤舞到钱塘”烘托出临安的区位优势。
- 山水：两大水系源头是一个亮点，以此铺垫，强调森林覆盖率和物种基因宝库两大特点，然后对几个国家自然保护区和代表性景点进行了详细讲述。
- 文化：由古道衔接到吴越文化，再引申到吴越文化的创始人——钱王，紧接着提出相互映照的禅文化，再从物质文化遗产过渡到非物质文化遗产，最后由开竿节过渡到经济发展。
- 发展：山水的传承，即发展旅游度假经济；文化的传承，即浙江林学院的智力支持；最后，是融入大都市，与上海接轨的发展目标。

（1）引子

“天目山垂两乳长，龙飞凤舞到钱塘。”在古人的诗句中，天目山是一个渊源，她孕育了天堂杭州这片净土，也衍生了一个会呼吸的城市——临安。

临安市地处长三角南翼、杭州市西郊，是杭州至黄山国际黄金旅游线上的一颗明珠。大自然的造化，让她成为长三角地区唯一一个国家森林城市。至杭州都市圈的便捷，又让她成为距离都市最近的山区城市。

（2）山水

她是太湖水系的源头，也是浙江母亲河——钱塘江的重要发端。这意味着上天的恩宠营造的必然是真山、真水、真空气，也意味着这座会呼吸的城市必然给世界带来一个惊喜。

远远高于发达国家的森林覆盖率，让她向世界发出了独白。

极其丰富的“物种基因宝库”，让她荣升为世界生物圈保护网的一员。

[字幕：森林覆盖率达76.55%]

[字幕：天目山被列为联合国人与生物圈网络成员]

大自然的神工，给这座城市留下了不可复制的青山绿水，也为她赢得了让世界瞩目的殊荣。

绵延的天目山脉在此穿越，在这个“大树的王国”，一棵棵冲天的古树与我们的灵魂遥遥相望。

[字幕：国家自然保护区——天目山]

山脉形成的大峡谷，收藏着岁月千折百回的过往。在这座人与自然的生物圈中，雄奇、秀丽融合成了千万种绿色。

[字幕：浙西大峡谷]

清凉峰承接着天与地，1787米的高度阻挡了带来污染的任何杂质，她的险峻神秘让旅行家们鼓起了挑战的勇气。

[字幕：国家自然保护区——清凉峰]

柳溪江一路奔走，带着生命的纯粹和妩媚。

[字幕：柳溪江、白水涧]

天地慷慨地把那些祖先留下的宝贵财富都放在了这座会呼吸绿色空气的世界里。

千万年的瑞晶洞展示着水雕塑出来的作品。

[字幕：瑞晶洞]

火山大石谷展示着地球留下的天然地质博物馆。

[字幕：火山大石谷]

这座城市呼吸着绿色的空气，不可多得的自然环境为成为21世纪的生态城市提供了先行一步的优势。

[字幕：十个国家4A景区和八百里千年古道]

（3）文化

行走在千年的古道，触摸着久远的历史印记，耳畔是古老文化连绵不断地回响。

千年以来，她呼吸着历史赐予的文明空气，从古老的文明中汲取着天地精华。古老的文明告诉人们：她是吴越文明的一支源流。她古老而不颓废，沧桑而不守旧。她是这片江山的伟大创造。

[字幕：钱王与文人墨客各领风骚，唐、宋、元、明、清各个朝代的宝塔以及廊桥、石拱挢、古民居等古建筑。]

公元852年，吴越文化的创立者——钱王，诞生在这片土地上。他智勇双全、文韬武略，在“善事中国，保境安民”的国策指导下，大力发展农田水利等基本建设，扩建杭州、苏州等中心城市，成了“上有天堂，下有苏杭”的奠基人，最终使吴越的经济和文化位于那个时代的前列。

[字幕：钱王陵园]

“诗文、宝塔、陵园”给这里留下了丰厚的吴越文化遗产，而“禅林、古道、巨树”则给了这里无限的禅缘。古道因禅宗而起，巨树因禅宗而植。禅文化是天目山的灵魂。

[字幕：禅源寺、普照寺、卧龙寺、天目山禅文化]

千年的文脉渗透到她的每一寸肌理，继而转化成世代相传的基因，这同时也注定了她在安静的过往中真实地保留了属于她的乡土文化，这是历经上千年的风雨流传于后世的乡土精华，被守望家园的后人们郑重地列入非物质文化遗产，一代代延续着乡土的纯粹。

从田野和森林中形成的乡土精神，进一步把古老的耕作文明与现代的生态农业结合在一起，催生着一棵又一棵摇钱树，发展特色经济成了她的真实写照。

[字幕：临安三宝——“山核桃、竹子、香榧”]

[字幕：山核桃开竿节]

（4）发展

历史和人文，以一种自然的安静姿态，被凝固在山水的每一个角落。而如今的临安，不但恢复了若干年前的鼎盛状态，且超越了以往的任何时代。

她善于“吐故纳新”。她把独有的自然财富融入城市的血液，生态城市的容光焕发，让自然休闲、人文旅游、度假、会展等项目独领风骚。

[字幕：青山湖休闲度假旅游区、太湖源乡村度假旅游区、天目山森林生态旅游区、太湖源乡村度假旅游区、浙西大峡谷生态观光旅游区、大明山高山度假旅游区。]

[字幕：姚明、叶莉在青山湖拍摄甜蜜结婚照]

生态城市的发展从来都与智力的支持息息相关。这里诞生了一座花园式的高校——浙江林学院。她继承并发扬了这座城市的文脉，又流淌着绿色的血液，50年的悠久历史让她成为一座省属全日制本科院校。以农林为特色的人才输出让这座城市在反哺中得到灵性的升华。

[字幕：浙江林学院]

“融入大都市，接轨大上海。”这是她面对时代的潮流所做出的新姿态。在绿色与繁华的碰撞中，无论是产业的转移，还是高新技术的大力发展，她都努力扮演好自己的角色，“生态经济化、经济生态化”成了她的宣言。

[字幕：玲珑工业功能区、装备制造业、生物制药、新材料、环保产业、信息产业等高技术产业的发展。]

生生不息地发展城市的未来。得天独厚的自然生态环境，成为这座城市的品质。生态经济成为城市的态度，自然、文化、工业的和谐发展是对这座生态城市的最高礼赞。

她让这座城市的经济进入一种良性循环，也决定了她必然在长长的未来里厚积薄发。

[字幕：杭徽高速公路沿线特色制造业产业带，省级经济开发区]

环境牌就是发展牌，这是慧眼之识、智者之举。

这就是临安，一座绿色的会呼吸的城市、一个平安和谐的首善之区。

## 本案例的重点、难点

层与层的叠加关系；动态Mask的范围选择；After Effects基本属性与层叠加属性的综合应用。

【技术要领】层与层的叠加关系；动态Mask的范围选择；After Effects基本属性与层叠加属性的综合应用。

【解决问题】属于层与层叠加的基本原理和常见使用方法。

【应用领域】影视后期。

【素材来源】光盘\模块08\素材\箭门关.mov。

【效果展示】光盘\模块08\效果展示\箭门关.mov。

## 操作步骤详解

### 新建工程文件并导入素材

01 启动After Effects CS6，在引导页对话框中选择【New Composition】选项，如图8-1所示，弹出【Composition Settings】对话框，将【Composition Name】命名为“箭门关”，设定【Width】为“720px”、【Height】为“405px”，设定【Pixel Aspect Ratio】为“Square Pixels”，设定【Resolution】为“Full”，设定【Duration】为“0：00：05：00”，如图8-2所示。单击【OK】按钮完成项目工程文件的设置，保存项目文件至硬盘。

图8-1　新建项目工程文件

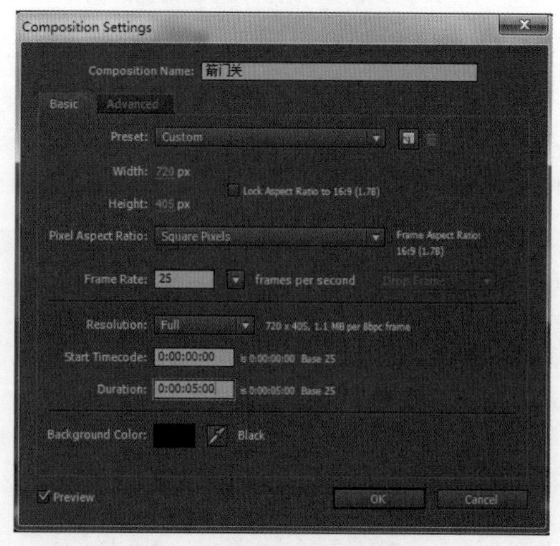


图8-2　设置项目工程文件参数

02 选择【File】>【Import】>【File】命令，弹出【Import File】对话框，选择“模块08\素材\箭门关.mov”素材文件，单击【OK】按钮完成素材的导入。如图8-3所示，在【Project】编辑区右击“箭门关.mov”素材，在弹出的快捷菜单中选择【Interpret Footage】>【Main】命令，弹出【Interpret Footage】对话框。在【Fields and Pulldown】选项组中的【Separate Fields】下拉列表中选择【Upper Field First】选项（上场优先），单击【OK】按钮完成场信息的设置，如图8-4所示。

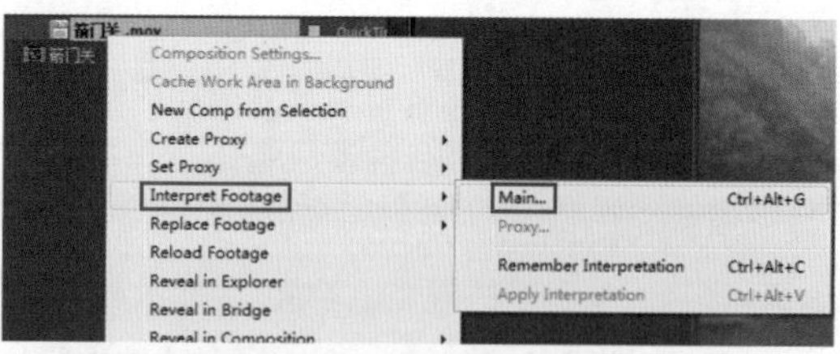


图8-3　项目工程文件右键菜单

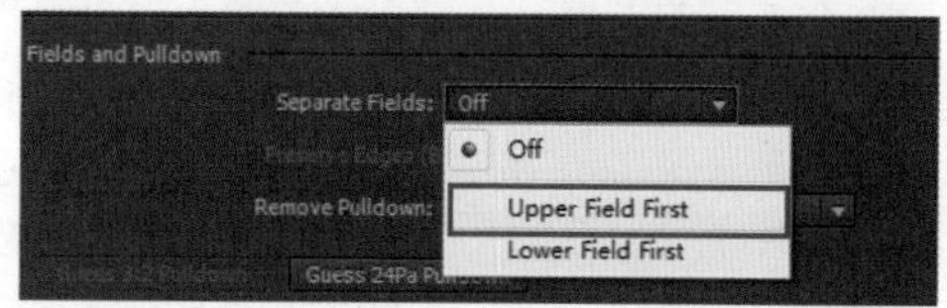


图8-4　项目工程文件设置

03 在【Project】编辑区按住鼠标左键并将“箭门关.mov”素材拖放至箭门关Composition中，如图8-5所示。

图8-5　将素材拖入时间线

### 动态Mask 02 湖面区域选择

04 要对湖面进行色彩调整就需要将湖面进行部分选择，本例选用Mask简单勾选的办法选择湖面部分，将时间线光标拖动至画面第0:00:00:01帧位置，如图8-6所示。选择钢笔工具沿着湖面边缘，将湖面选择出来，如图8-7所示。

图8-6 将时间线光标置于第0:00:00:01帧位置

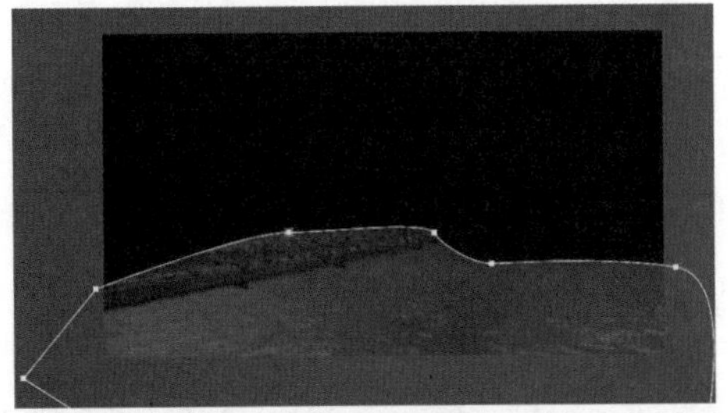

图8-7 选择湖面

05 打开【Mask】参数调整菜单，如图8-8所示。激活【Mask Path】前面的关键帧开关，对Mask的关键帧进行设置。接着将时间线光标拖动到素材的最后一帧，调整Mask，将最后一帧的湖面选择出来，如图8-9所示。

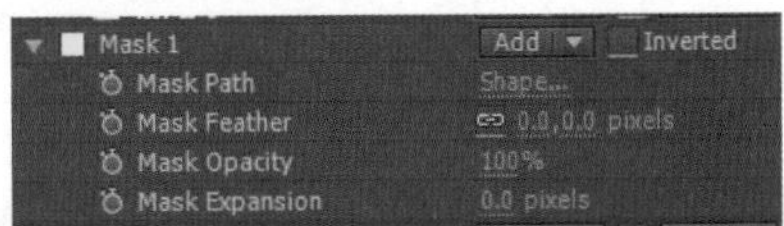


图8-8 激活【Mask Path】关键帧开关

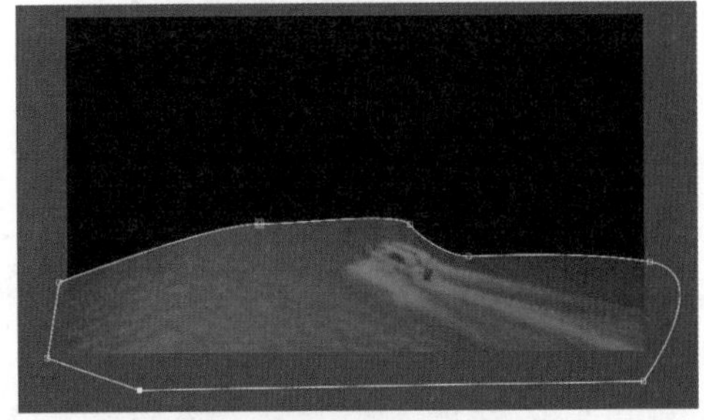

图8-9 最后一帧的Mask制作

06 将时间线光标拖动到素材的中间位置，如图8-10所示，将湖面用Mask选择出来，如图8-11所示。

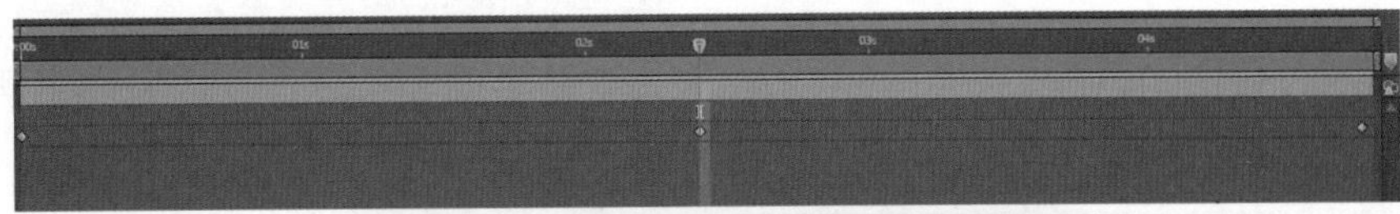

图8-10 将时间线光标移动到素材的中间位置

图8-11 Mask绘制

07 根据前面介绍的方法再在两个相邻的关键帧之间设置关键帧，设定动态Mask，直到将湖面动态选择出来为止。具体的操作不在这里做详细介绍了，关键帧设置完成，如图8-12所示。

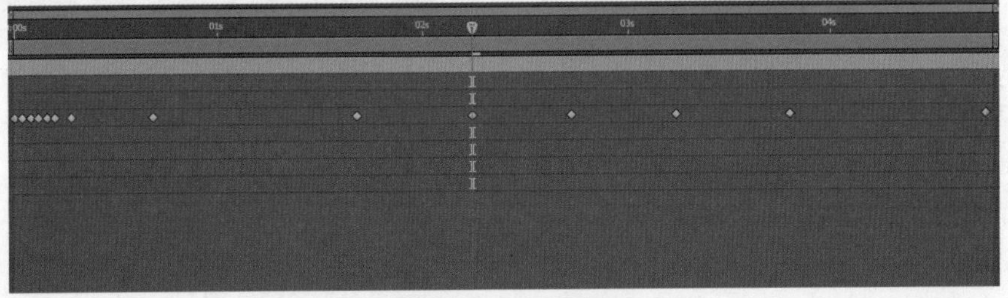

图8-12 关键帧设置

## 湖面色彩调整

08 将动态Mask制作完成之后，就要开始对水面进行调色处理了。首先在【Project】中单击鼠标左键不放将“箭门关.mov”素材拖动到时间线，放在做过Mask的那段素材下面，修改命名为“箭门关02”，如图8-13所示。

图8-13 修改素材名称为“箭门关02”

09 在时间线左下角单击【Expand Or Collapse The Transfer Controls Pane】按钮，打开【Mode】（层叠加模式）与【TrkMat】（遮罩设置）属性，如图8-14所示。

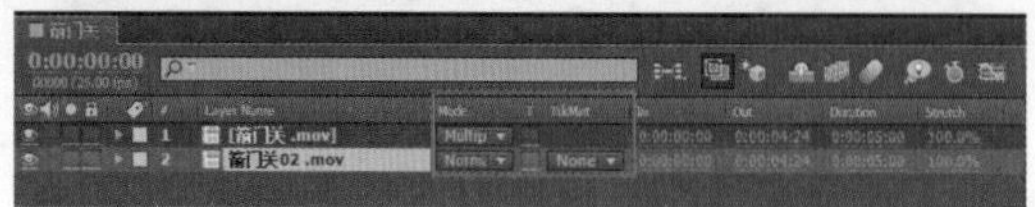

图8-14 打开【Expand Or Collapse The Transfer Controls Pane】设置框

10 将“箭门关.mov”图层的【Mode】层与层的关系设置为【Multiply】乘法叠加模式[03]，如图8-15所示。制作效果如图8-16所示。

图8-15 设置【Multiply】乘法叠加模式

图8-16 添加【Multiply】模式后的湖面效果

11 通过叠加方式的制作可以发现湖面部分的层次和神韵已经初步体现，但是在湖面与山体边缘相交的部分还比较生硬，那是因为利用Mask之前和之后的图层在变化的时候没有过渡所致。打开“箭门关.mov”层Mask参数中的【Mask Feather】羽化选项，也可以通过选中“箭门关.mov”图层，按【F】键找出【Mask Feather】羽化选项，将连接开关设置为打开状态，并将纵向的羽化值设置为“54.0，54.0 pixels”，如图8-17所示。

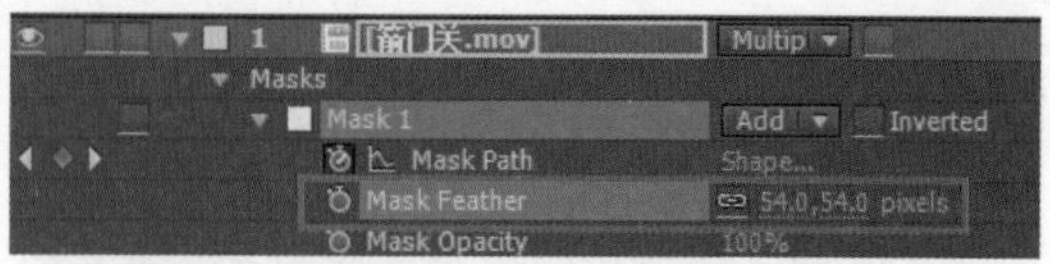

图8-17 【Mask Feather】羽化参数设置

通过羽化效果的制作，交叉部分就变得自然很多，如图8-18所示。

图8-18 湖面调色完成效果图

## 树叶色彩调整

12 通过前面的操作，湖面的色彩已经调整完成，但是山体的树叶还是显得比较灰，层次感不够，通俗地讲就是树叶不够绿，下面将对树叶的颜色进行调整。新建一个绿色“Solid”层，颜色参数为“R：1，G：184，B：14”，如图8-19所示。

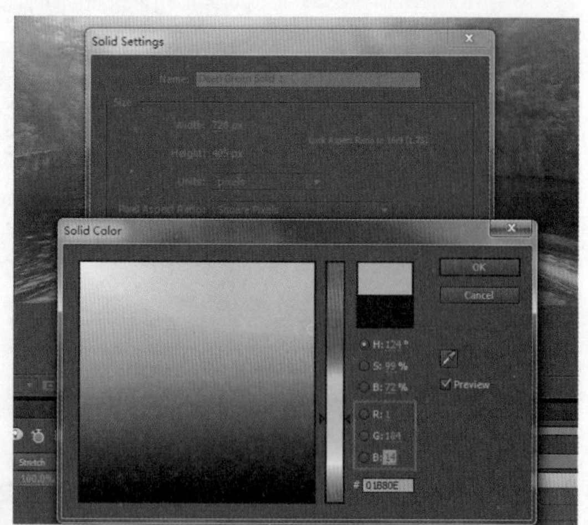

图8-19 新建一个绿色“Solid”层

13 按照设置湖面Mask的方法，利用前面介绍的动态Mask调整方法将部分树叶选择出来，如图8-20所示。

14 接着就要开始对绿色“Solid”层进行处理，打开绿色“Solid”层【Mask】参数中的【Mask Opacity】不透明度选项，将“Mask 1”的【Mask Opacity】参数调整为“24%”，如图8-21所示。制作效果如图8-22所示。

图8-20　利用Mask选择出树叶部分

图8-21　【Mask Opacity】参数调整

图8-22　不透明度调整后的效果

15 打开绿色“Solid”层Mask参数中的【Mask Feather】羽化选项，也可以通过选中绿色“Solid”图层，按【F】键找出【Mask Feather】羽化选项。将“Mask 1”的羽化值设置为“120.0, 120.0pixels”，效果如图8-23所示。

图8-23　调整树叶色彩后的效果

## 天空色彩处理

16 树叶的色彩处理完成之后，发现天空也显得比较灰，不够蓝，没有层次感，就需要对天空的色彩进行调整。调整天空的颜色有多种办法，这里选择一种较为简单的并且效果也不错的方法，新建一个蓝色的“Solid”层，设置颜色参数为“R：0, G：92, B：229”，如图8-24所示。

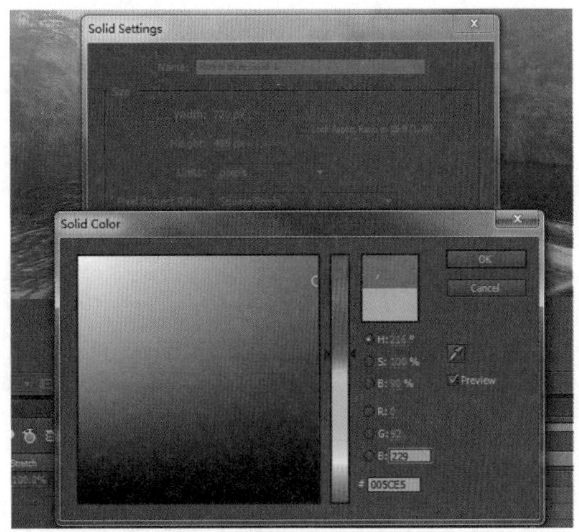


图8-24　新建蓝色“Solid”层

17 按照设置湖面Mask的方法，利用前面介绍的动态Mask调整方法选择部分天空（在这里就以单帧画面的调整为例），如图8-25所示。

图8-25　利用Mask选择出部分天空

18 下面开始对蓝色天空“Solid”层进行处理，选择蓝色天空“Solid”层的【Transform】>【Opacity】不透明度选项，将【Opacity】不透明度参数调整为“30%”，如图8-26所示。制作效果如图8-27所示。

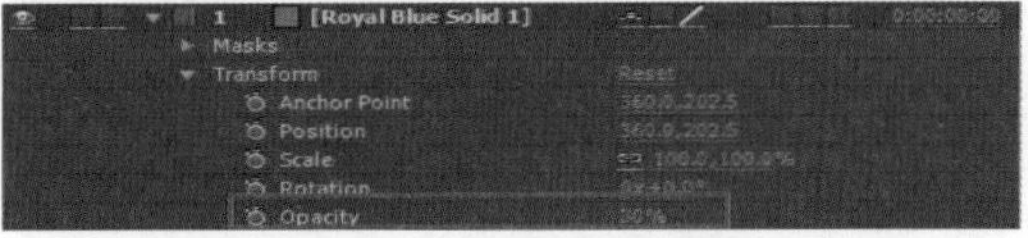


图8-26　不透明度参数调整

图8-27　不透明度调整后的效果

19 打开蓝色天空“Solid”层Mask参数中的【Mask Feather】羽化选项，也可以通过选中蓝色天空“Solid”图层，按【F】键找到【Mask Feather】羽化选项，并将Mask的羽化值设置为“143.0，143.0 pixels”，如图8-28所示。效果如图8-29所示。

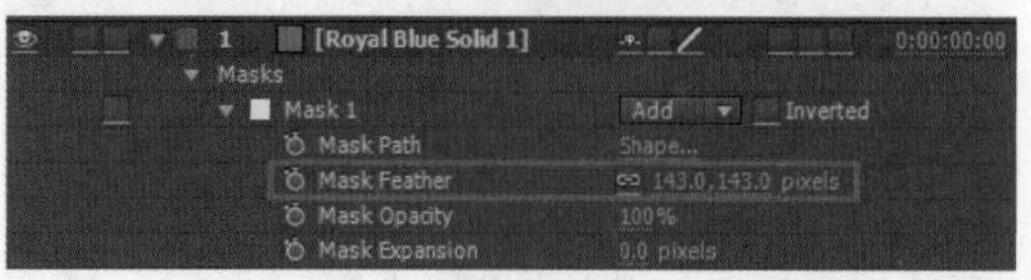


图8-28　【Mask Feather】羽化参数设置

图8-29　羽化后的效果展示

20 在时间线左下角单击【Expand Or Collapse The Transfer Controls Pane】按钮，打开层【Mode】（层叠加模式）与【TrkMat】（遮罩设置）属性，如图8-30所示。

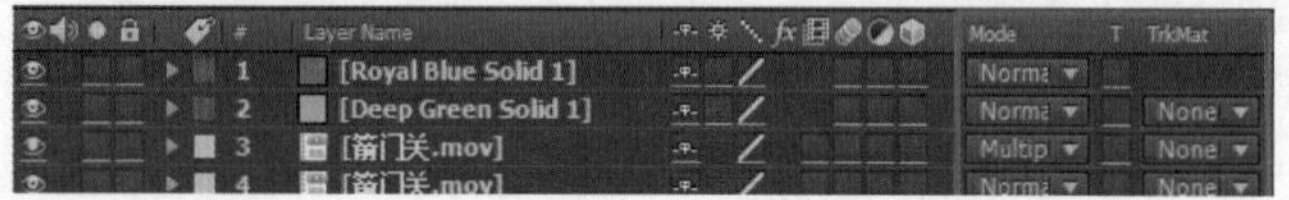


图8-30　打开【Expand Or Collapse The Transfer Controls Pane】设置框

21 将此图层的【Mode】（层叠加模式）设置为【Overlay】覆盖模式，如图8-31所示。制作的效果如图8-32所示。

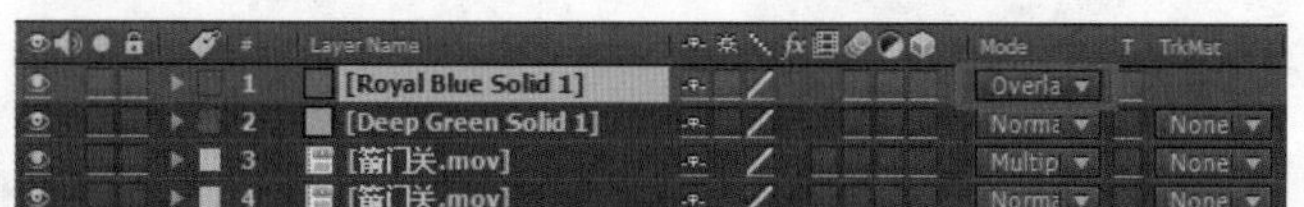


图8-31　【Overlay】覆盖模式

图8-32　天空制作效果展示

## 整体色调调整

22 将湖面、树叶、天空的局部调整完成之后，虽然单个部分的画面效果都有很明显的提高，但是整体的融合度还是达不到理想的效果，这就需要对整体的画面色调进行调整。在时间线窗口中右击鼠标，选择【New】>【Adjustment Layer】（调节层）命令，如图8-33所示。

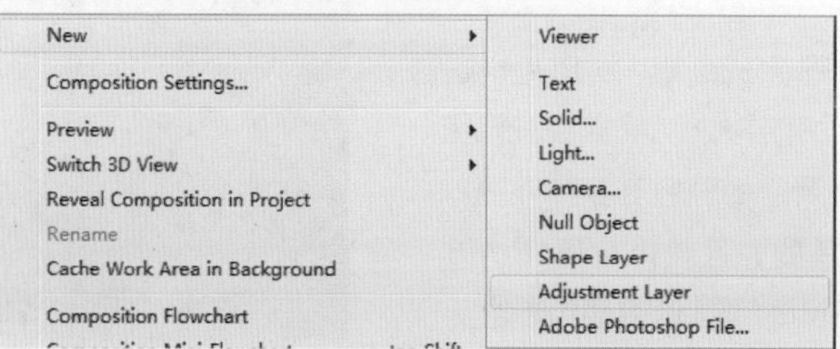


图8-33　选择【Adjustment Layer】（调节层）命令

23 在调节层中选中此图层，选择【Effect】>【Color Correction】>【Photo Filter】[04]滤镜组，如图8-34所示。

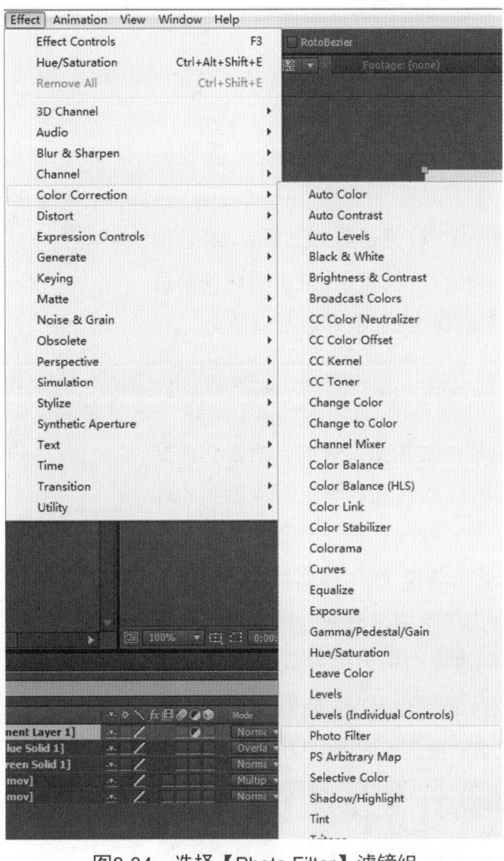


图8-34 选择【Photo Filter】滤镜组

24 对【Photo Filter】滤镜参数进行调整，将【Filter】设置为“Cooling Filter (82)”，再将【Density】参数调整为“20.0%”，如图8-35所示。完成后的效果如图8-36所示。

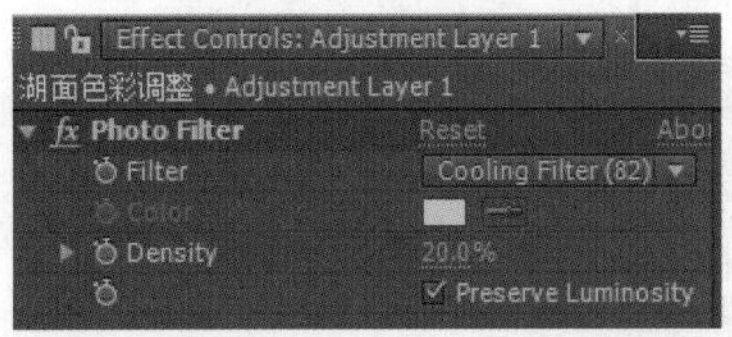


图8-35 【Photo Filter】滤镜参数设置

图8-36 最终效果

# 知识点拓展

## 01 色彩调整的基本步骤

色彩调整是整个影视后期项目制作当中非常重要的部分。

在制作影片时，经常会遇到天气、设备等外部原因，导致拍摄出的画面和最终想要的效果有很大的差别，或者需要使前后镜头色彩变得协调等。这时就需要对画面色彩进行调整。

**色彩调整分为3个步骤。**

1. 校色（一级调色）

校色也称为一级调色，它是指对拍摄回来的原始素材进行亮度、颜色和色彩饱和度的调整，以还原到与人眼所看到的环境一致。

接触过影视后期制作的读者肯定了解，在实景拍摄时因为天气、外部环境或者是设备的因素，拍摄出来的原始素材肯定与人眼看到的或画面所需要的效果有很大的差距[a]。这样的差距往往体现在原始拍摄素材画面会比较灰，色彩饱和度比较低，拍摄画面没有层次感，原始拍摄画面如图8-37所示。

图8-37　原始拍摄画面

图8-37就是原始拍摄的画面，因为临安下雨，天气比较暗，属于亮部的地方不够亮，属于暗部的地方又不够暗，所以拍摄出来的原始画面就会显得比较灰，整体效果不是很理想。那么在后期处理时就需要将画面的整体亮度[b]、对比度等进行调节，让画面的层次感体现出来，如图8-38所示。

**经验**

ⓐ摄像机对色彩和亮度的还原与人眼有很大的差别，人眼是最精密的光学仪器，所以在拍摄时经常会遇到拍摄出来的实景画面与眼睛所看到的不一样这种情况，所以在后期就要对这样的差别进行校正。

**经验**

ⓑ拍摄时间的选择也非常重要，如果是要拍外景，没有特殊要求最好选在阳光明媚、天高气爽的时候，这样拍摄的画面清晰度会比较高，而后期的校正内容也会比较少。

图8-38　校色后的画面

### 2. 局部调色©（二级调色）

校色完成之后就要开始对画面的局部色彩进行调整。局部调色也称为二级调色，就是对画面单独部分进行色彩调整。如图8-39所示的原始画面，在前面案例讲解中讲到，湖面比较灰，层次感不够，就用Mask工具将部分湖面选择出来，对其进行单独调整，对画面中的一个局部进行调整。

图8-39　对湖面进行调整

如图8-40所示的图像就是经过湖面局部调色后的画面，在这个例子中，还需要对树叶、天空、山体等部分进行局部调色，以达到湖面所需要的效果。

图8-40　湖面进行校色后的画面

### 3. 整体色彩调整

整体色彩的调整就是对画面整体色调的控制，为了整体画面

**经验**

©局部调色的难点在于需要调色局部的选定，After Effects是一款平面软件。要选择出画面当中的一个部分其实并不是一件容易的事情，除了应用Mask之外还可以利用一些选色的滤镜，如Change Color滤镜，对局部进行调整。

这里介绍一款Color Finesse插件，这款滤镜对局部色彩调整有非常好的效果。

的色彩统一和情绪要求，将会对画面进行整体的色彩控制。如图8-41所示，上面的截图是整体色调统一前的画面，下面的截图是添加整体色调统一后的画面，仅看这两个视频截图并不能定结论说进行过整体色调调整的画面就一定比较好看。但这则MTV述说一个残疾的女孩从忧郁到开朗起来的过程，蓝色[d]代表忧郁，所以在这则MTV中前面部分表现女孩忧郁的镜头都是统一的蓝色基调，符合这段影片的画面情绪要求。

图8-41 MTV《飞翔》中的截图对比

## 02 添加Mask的类型和Mask的基本操作参数

### 1. Mask的类型

Mask的类型可以分为自带图形与钢笔工具两个类型。

(1) Mask的自带图形

Mask的自带图形是After Effects预设置的一些基本的Mask图形，如图8-42所示。

**经验**

ⓓ蓝色的色彩基调：蓝色是灵性和知性兼具的色彩，在色彩心理学的测试中发现几乎没有人对蓝色反感。明亮的天空蓝，象征希望、理想、独立；暗沉的蓝，意味着诚实、信赖与权威。正蓝、宝蓝在热情中带着坚定与智能；淡蓝、粉蓝可以让自己，也让对方完全放松。蓝色在美术设计上，是应用度最广的颜色；在穿着上，同样也是最没有禁忌的颜色，只要是适合自身（皮肤色彩属性）的蓝色，并且搭配得宜，都可以放心穿着。要想使心情平静时、需要思考时、与人谈判或协商时、想要对方听你讲话时可穿蓝色。

黄色的色彩基调：黄色是明度极高的颜色，能刺激大脑中与焦虑有关的区域，具有警告的效果，所以雨具、雨衣多半是黄色。艳黄色象征信心、聪明、希望；淡黄色显得天真、浪漫、娇嫩。艳黄色有不稳定、招摇，甚至挑衅的味道，不适合在任何可能引起冲突的场合穿着，如谈判场合。黄色适合在快乐的场合穿着，比如生日会、同学会，也适合在希望引起人注意时穿着。

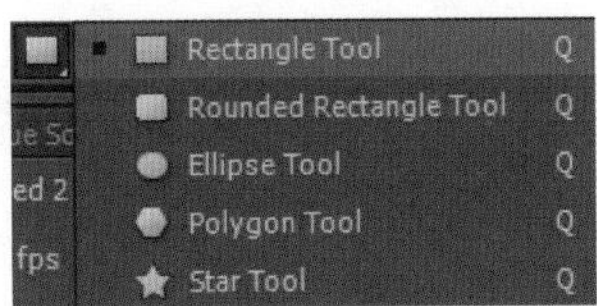


图8-42 Mask图形选择菜单

- 【Rectangle Tool】方形工具ⓔ。
- 【Rounded Rectangle Tool】倒角方形工具。
- 【Ellipse Tool】圆形工具。
- 【Polygon Tool】多边形工具。
- 【Star Tool】五角星形工具。

（2）Mask钢笔工具ⓕ

Mask钢笔工具是无规则随意编辑的Mask工具，可利用钢笔工具对不规则的选区进行划定，如图8-43所示。

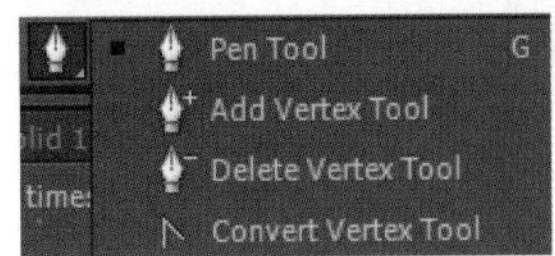


图8-43 钢笔工具菜单

- 【Pen Tool】钢笔工具。
- 【Add Vertex Tool】添加点工具。
- 【Delete Vertex Tool】删除点工具。
- 【Convert Vertex Tool】编辑点工具。

2. Mask的基本参数

在影视后期制作当中，Mask的应用非常广泛，在需要绘制一些简单的图形或者是在一些复杂的场景中选择需要的局部画面时，Mask的功能就很好地体现出来了。在编辑和制作Mask的时候要对Mask的基本参数进行调整，如图8-44所示。

图8-44 Mask的基本属性

- 【Mask Path】遮罩形状。
- 【Mask Feather】遮罩羽化。
- 【Mask Opacity】遮罩不透明度。
- 【Mask Expansion】遮罩扩展。

## 03【Multiply】乘法叠加模式

叠加模式是层模式制作软件中非常重要的制作功能。在After Effects CS6中层与层的叠加模式有很多种，但是常用的是【Multiply】乘法叠加模式。

乘法叠加模式是指上图层与下图层进行乘法运算的方式，

**注意**

ⓔ在制作任何规则图形的Mask时，需要注意的是在制作时按住【Shift】键不放进行建立时，绘制出的图形都是正图形。也就是说如果按住【Shift】键不放绘制方形，那么绘制出来的Mask就是正方形。如果按住【Shift】键不放建立圆形Mask，那么绘制出来的圆形是正圆形。

**技巧**

ⓕ在调整色彩时，对局部画面利用Mask进行选择并调整后，一般情况下都会加一些羽化值，这样局部调整的画面与原素材画面交界处的过渡会显得很自然。

这种运算方式会使画面变暗[g]，如图8-45所示。

图8-45 使用乘法叠加模式效果的前后对比

下面介绍层叠加模式的基本原理。先来了解一下计算机运算中的浮点运算方式。计算机的运算方式为二进制计算。在图像处理中有一个色彩位深的概念，一般把画面的灰度分为256个级别（0～255）就是8位色彩位深。把画面的灰度分为65536个级别也就是16位色彩位深。但32位的色彩位深就变成了浮点运算。

简单地说，浮点运算就是小数之间的运算。小数之间的运算有一个特点就是拥有无限小的值，那么浮点运算就成为了无限值之间的运算。

返回【Multiply】乘法叠加模式，它利用浮点运算，也就是两个图层之间的亮度信息进行小数之间的乘法运算。

为了讲解方便，将一个画面的亮度信息定义为0～1之间的小数，0代表的是全黑，1代表的是全白。那么所有的亮度信息就完全可以用小数来表示。小数与小数相乘会越乘越小，并且两个数值小的小数相乘变小的程度会比两个数值较大的小数相乘变小的程度大很多。例如，0.1×0.1=0.01，而0.9×0.9=0.81，0.1变为0.01变小了0.099，而0.9变为0.81减小了0.09。

由这些数据可以得出一个结论[h]，在两个图层进行乘法叠加的时候，整体画面都变暗，原来暗部的部分比亮部的部分变暗的程度更大。

**注意**

ⓖ在利用【Multiply】乘法叠加模式时要注意，【Multiply】乘法叠加模式属于将画面变暗的模式，如果需要将画面变亮可以使用【Add】或者【Screen】叠加模式，不要使用【Multiply】乘法叠加模式。

**技巧**

ⓗ一般情况下，在对天空替换的制作和水面色彩调整的制作上经常使用【Multiply】乘法叠加模式。

## 04【Photo Filter】参数介绍

【Photo Filter】滤镜是制作整体色调调整的一个非常重要的工具，滤镜如图8-46所示。

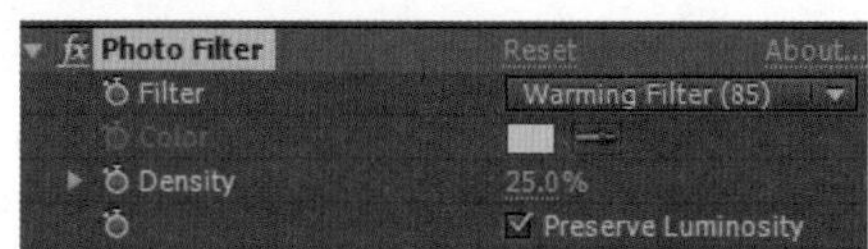


图8-46 【Photo Filter】参数

- 【Filter】①滤镜片颜色设置。
- 【Density】滤镜透明度。
- 【Preserve Luminosity】预览开关。

**技巧**

①在对滤镜片的颜色进行设置时，不仅可以使用【Photo Filter】自带的【Warming Filter (85)】、【Warming Filter (81)】、【Cooling Filter (82)】和【Cooling Filter (80)】滤镜片，还可以设置任何滤镜片的颜色以达到影片的制作效果。

# 独立实践任务（3课时）

## 任务二 树叶色彩调整

### 任务背景

该镜头为临安宣传片的第一个镜头，用于展现临安自然风光。

### 任务要求

要将镜头画面中树叶的色彩进行调整，使树叶的色彩艳丽度提升，以达到美化画面的作用。

播出平台：多媒体、中央电视台及各地方电视台。

制式：PAL制。

### 任务参考效果图

【技术要领】Mask关键帧的使用，层的基本属性的使用。

【解决问题】利用本模块介绍的方法进行Mask关键帧的制作。

【应用领域】影视后期。

【素材来源】光盘\模块08 \素材\女演员摇臂.mov。

【效果展示】光盘\模块08 \效果展示\女演员摇臂——成片.mov。

## 任务分析

## 主要制作步骤

## 课后作业

1. 填空题

(1) 影视后期制作中，色彩调整的3个步骤为_______、_______、_______。

(2) 在进行Mask编辑时，【Mask】的基本属性为【Mask Path】_______、【Mask Feather】_______、【Mask Opacity】_______、【Mask Expansion】_______。

2. 单项选择题

(1) 在【Mask】属性编辑中，【Mask Feather】快捷键为_______。

A. O　　B. T

C. Ctrl+O　　D. F

(2)【Photo Filter】滤镜属于_______滤镜组。

A. Distrot　　B. Generate

C. Keying　　D. Color Correction

3. 多项选择题

(1) 在After Effects CS6中，对于生成遮罩（Mask）的描述正确的是_______。

A. 可以用钢笔工具（Pen Tool）绘制自由遮罩

B. 可以用矩形和椭圆遮罩工具绘制规则遮罩

C. 可以在准备建立遮罩的目标层上右击鼠标，选择【Mask】>【New Mask】命令，绘制各种遮罩

D. 可以利用在Adobe Photoshop或Adobe Illustrator中绘制的路径作为遮罩

(2) 下列哪几种混合模式使图层叠加后画面会变亮_______。

A. Multiply　　B. Screen

C. Add　　D. Darken

# 模块

## 动画片特效制作
## ——《小龙阿布》火焰效果

**能力目标**

对After Effects CS6插件的综合应用

**专业知识目标**

1. 熟练掌握对颜色的控制
2. 掌握调色的基本用法

**软件知识目标**

能熟练应用前期素材进行处理

**课时安排**

6课时（讲课3课时，实践3课时）

## 任务参考效果图

# 模拟制作任务（3课时）

## 任务一 火焰制作

### 任务背景

《小龙阿布》是一部国产教育动画片，它充分运用孩子般的想象，创造了一个美好的卡通世界。片中由于八珠对小龙阿布进行挑衅，所以阿布向八珠喷火，烧到了八珠的尾部，痛得他大跳大嚷。

### 任务要求

对片中八珠的尾部进行火焰制作，通过后期制作软件的处理手段和技术方法，并利用Maya2009和After Effects CS6结合技术，制作出一个出色的火焰效果。

播出平台：多媒体、中央电视台及各地方电视台。

制式：PAL 制。

### 任务分析

本片中，八珠的尾部着火了，火焰的制作一直都是三维或二维单独制作，但这样的制作方式对机器的要求很高，渲染耗时又长，那么可不可以利用Maya2009和After Effects CS6结合的方法来制作呢？如果可以的话，将会减少大量的渲染时间，用户就可以利用这些时间更好地完善整个项目。结合以往制作火焰的经验，先利用Maya2009制作火的形态，再利用After Effects CS6进行校色变形，从而完成最终的效果制作。

### 本案例的重点、难点

After Effects CS6的常用命令应用。

【技术要领】After Effects CS6的常用命令应用。

【解决问题】结合After Effects CS6后期制作，减少三维的渲染时间。

【应用领域】影视后期。

【素材来源】光盘\模块09\素材\huoyan.mb、sc14_1。

【效果展示】光盘\模块09\效果展示\尾部火焰制作.mov。

## 操作步骤详解

### 导入文件及初步认识粒子01

01 启动Maya2009。选择【File】>【Import Options】命令，如图9-1所示。弹出【Import】对话框，选择“光盘\模块09\素材\huoyan.mb”文件，单击【OK】按钮，完成文件导入，如图9-2所示。

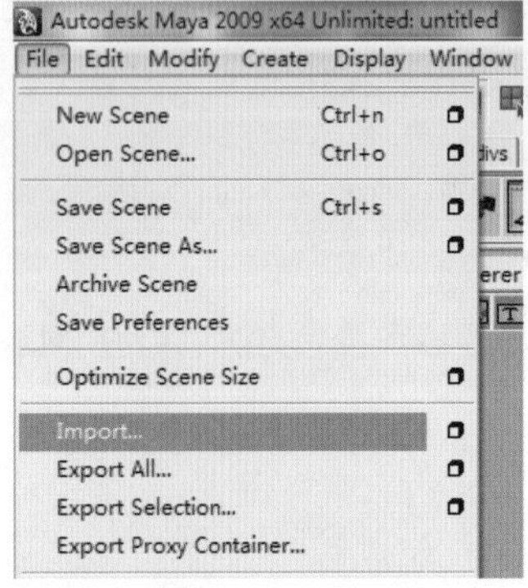

图9-1 导入文件

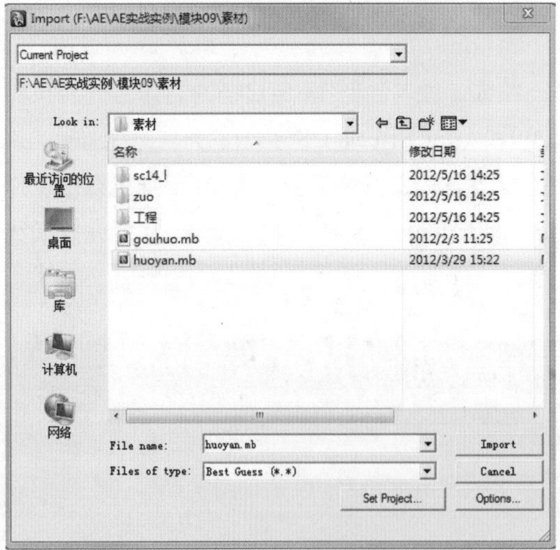

图9-2 导入文件对话框

02 按键盘上的【F5】键进入动力学编辑模块，选择模型八珠的尾部，对其添加物体发射命令【Particles】>【Emit from Object】，使其尾部进行粒子发射，如图9-3所示。

03 如图9-4所示，文件中的粒子过于生硬，没有丝毫变化，所以要对其进行编辑，使其向火焰的形态变化。选中粒子，按【Ctrl+A】组合键进入粒子编辑模式，如图9-5所示。

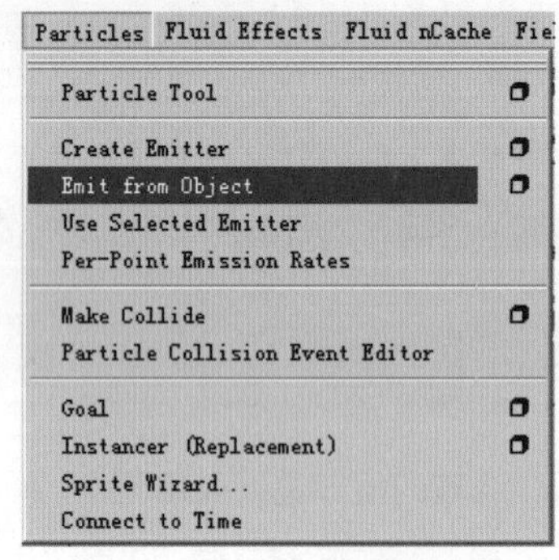

图9-3 粒子表面发射器命令

图9-4 粒子进行编辑前

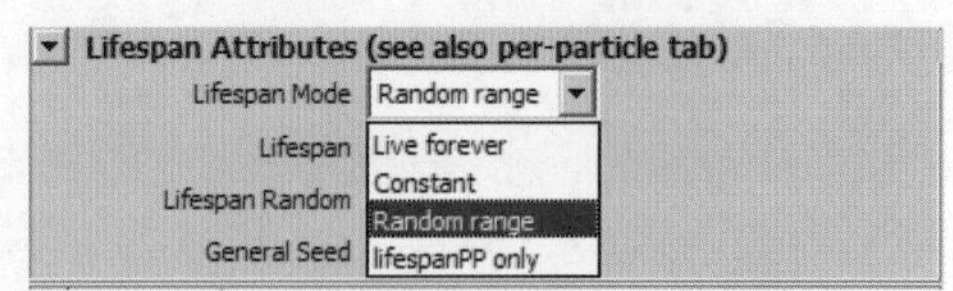

图9-5 【Lifespan Attributes】模式

### 粒子编辑

04 在如图9-6所示的粒子编辑模式中把【Lifespan Attributes】下的【Lifespan Mode】中的“Live forever”选项改成“Random range”，如图9-7所示，并把【Lifespan】改成“0.200”，把【Lifespan Random】改成“0.130”。

General Control Attributes
Is Dynamic
Dynamics Weight 1.000
Conserve 1.000
Forces In World
Cache Data
Count 32568
Total Event Count 0
Emission Attributes (see also emitter tabs)
Max Count -1
Level Of Detail 1.000
Inherit Factor 0.000
Emission In World
Die On Emission Volume Exit
Lifespan Attributes (see also per-particle tab)
Lifespan Mode Live forever
Lifespan 0.200
Lifespan Random 0.130
General Seed 0

图9-6　粒子编辑模式

Emission Attributes (see also emitter tabs)
Max Count -1
Level Of Detail 1.000
Inherit Factor 0.000
Emission In World
Die On Emission Volume Exit
Lifespan Attributes (see also per-particle tab)
Lifespan Mode Random range
Lifespan 0.200
Lifespan Random 0.130
General Seed 0

图9-7　【Lifespan Attributes】参数修改

05 选择【Render Attributes】模式，把【Particle Render Type】改成“Streak”，勾选【Color Accum】复选框，如图9-8所示。选中粒子，对其添加场，并进行控制，选择【Fields】>【Turbulence】命令，按【Ctrl+A】组合键对【Turbulence Field Attributes】的参数进行编辑，把【Magnitude】改成“100.000”，把【Attenuation】改成“0.000”，在【Phase Y】后面填写“=frame”，如图9-9所示。

Render Attributes
Depth Sort
Particle Render Type Streak
Add Attributes For Current Render Type
Color Accum
Line Width 1
Multi Count 3
Multi Radius 0.050
Normal Dir 2
Tail Fade 0.000
Tail Size 0.800
Use Lighting

图9-8　粒子形态编辑

Rotate Axis 0.000 0.000 0.000
Inherits Transform
Turbulence Field Attributes
Magnitude 100.000
Attenuation 0.000
Frequency 1.000
Phase X 0.000
Phase Y =frame
Phase Z 0.000
Interpolation Type Linear
Noise Level 0
Noise Ratio 0.707

图9-9　【Turbulence Field Attributes】参数修改

06 选择粒子继续对其进行场添加，选择【Fields】>【Radial】命令，按【Ctrl+A】组合键把【Magnitude】改成“-10.000”，把【Attenuation】改成“0.000”，如图9-10所示。

Transform Attributes
Translate 71.885 -190.238 -132.162
Rotate 0.000 0.000 0.000
Scale 1.000 1.000 1.000
Shear 0.000 0.000 0.000
Rotate Order xyz
Rotate Axis 0.000 0.000 0.000
Inherits Transform
Radial Field Attributes
Magnitude -10.000
Attenuation 0.000
Radial Type 0.000
Distance
Volume Control Attributes
Special Effects
Extra Attributes

图9-10　【Radial Field Attributes】参数修改

07 把【Radial】放在八珠尾部上方，使粒子向其汇集，形成火焰的形态，如图9-11所示。

图9-11　最终粒子形态

08 选择【Create】>【Lights】>【Ambient Light】命令，对场景进行照明，使粒子有明暗关系。按【F6】键进入渲染编辑模块，选择【Render】>【Render Current Frame】命令进行渲染，渲染结果如图9-12所示。

图9-12　渲染结果

09 如图9-13所示，找到渲染设置按钮，进行渲染编辑。把【Render Using】改成“mental ray”，把【Frame/Animation ext】改成“name.#.ext”，将

【Start frame】设置为“1.000”，【End frame】设置为“11.000”，如图9-14所示。

图9-13　渲染按钮

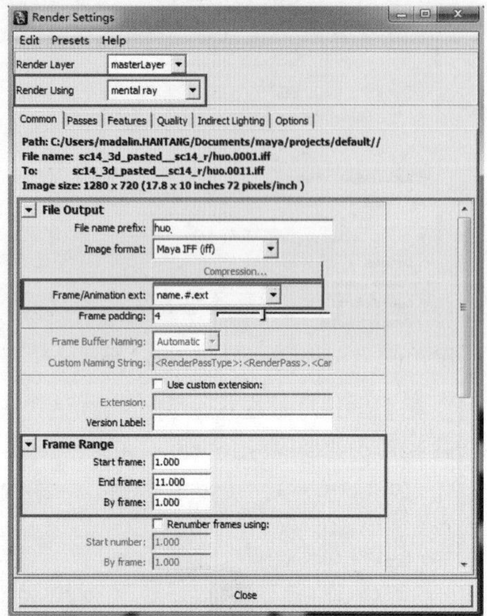


图9-14　渲染编辑

10 选择【File】>【Project】>【Set Project】命令指定一个文件夹，这个文件夹就是用户的工程目录，进行渲染的东西也会储存到这个文件夹里，如图9-15所示。选择【Render】>【Batch Render】命令进行批渲染，如图9-16所示。

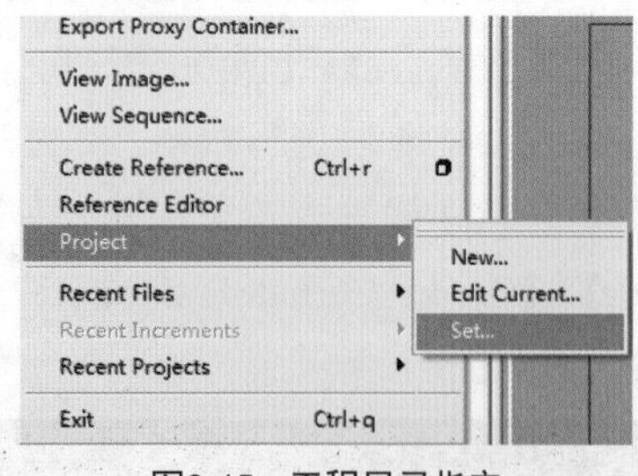


图9-15　工程目录指定

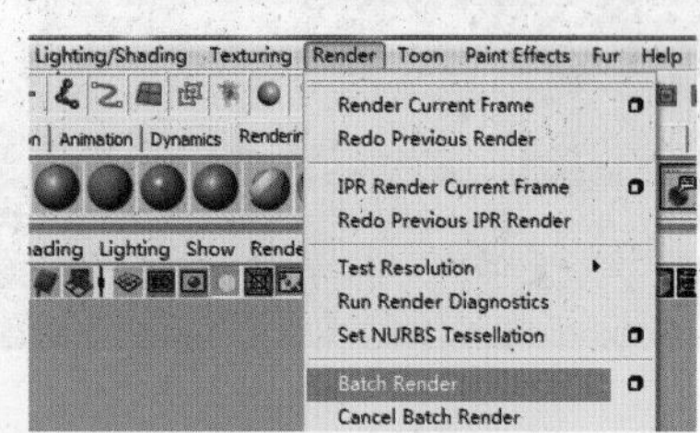


图9-16　批渲染命令

11 启动 After Effects CS6。如图9-17所示，在引导页对话框中选择【New Composition】选项，弹出【Composition Settings】对话框，将【Composition Name】命名为“尾部火焰制作”，设定【Preset】为“HDTV 1080 25”，设定【Resolution】为“Full”，设定【Duration】为“0:00:00:11”，如图9-18所示。单击【OK】按钮完成项目工程文件设置，保存项目文件至硬盘。

图9-17　新建工程文件

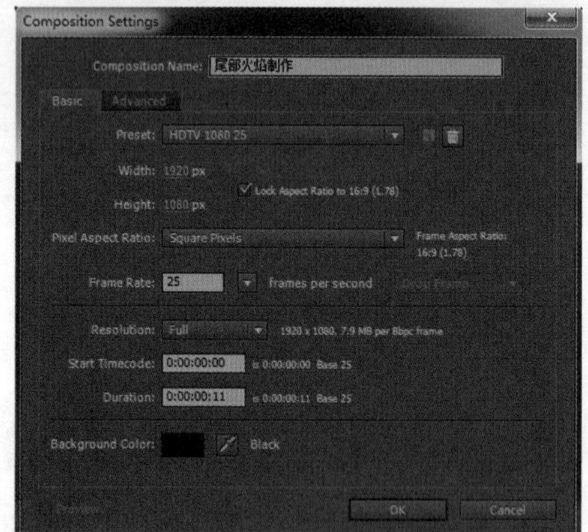


图9-18　设置工程文件参数

12 选择【File】>【Import】>【File】命令，弹出【Import File】对话框，导入三维输出的序列素材文件，继续导入，选择“模块09\素材\sc14_l\sc14_l.#.tga”序列素材文件，选中左下方的【Targa Sequence】复选框，单击打开按钮完成素材导入，如图9-19所示。

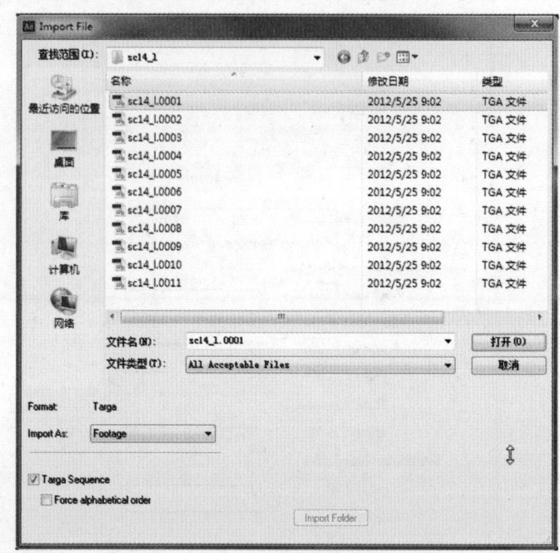


图9-19　选择序列帧素材

13 选中三维输出的素材，按【Ctrl+Alt+G】组合键，对素材进行设置，把默认的【Straight-Unmatted】改成【Premultiplied-Matted With Color】，得到带有Alpha通道的素材，如图9-20所示。将所有素材拖入八珠尾部进行火焰制作，选中时间编辑区中的“huo.[000-011].iff”，选择【Effect】>【Blur& Sharpen】>【CC Vector Blur】命令，如图9-21所示。将【Amount】的默认值“0”改为“30.0”，如图9-22所示。

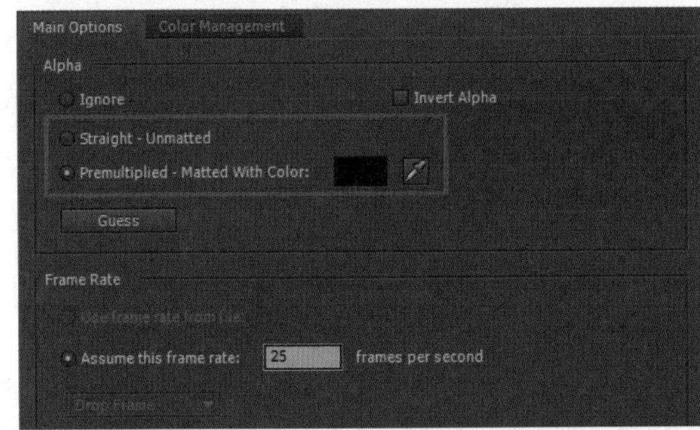


图9-20 素材设置

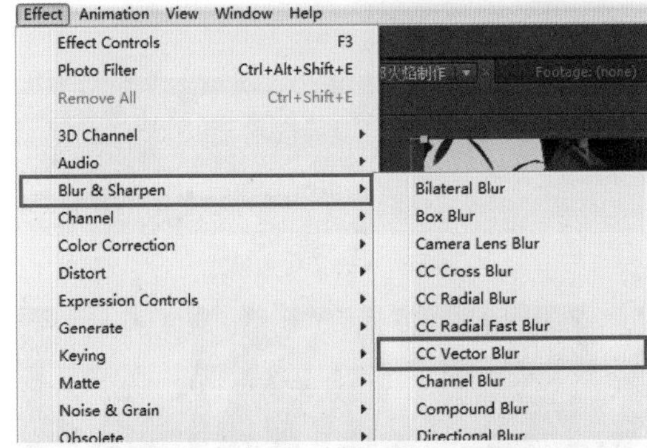


图9-21 选择【CC Vector Blur】滤镜

图9-22 【CC Vector Blur】滤镜设置

14 选择【Effect】>【Color Correction】>【Curves】命令进行校色，如图9-23所示。对【Curves】的曲线“RGB，Red，Green，Blue[02]”，分别进行调整，如图9-24所示。

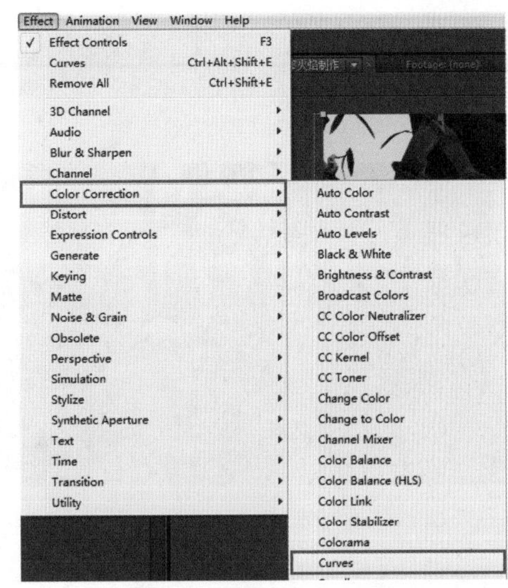


图9-23 选择【Curves】滤镜

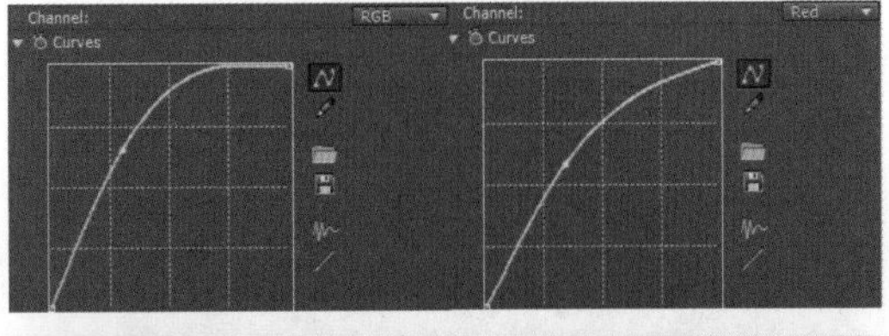


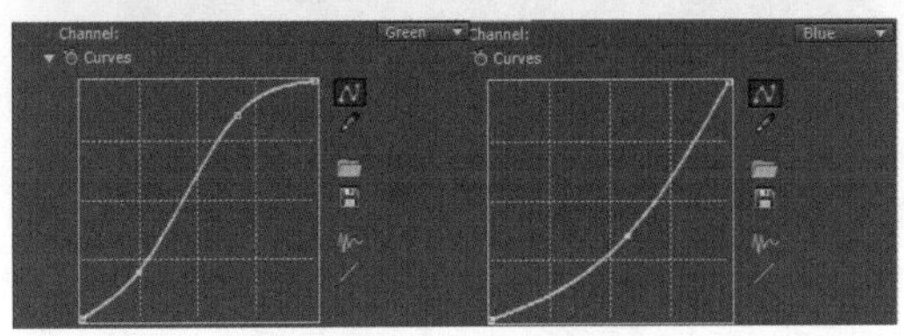


图9-24 【Curves】属性

15 选择【Effect】>【Blur&Sharpen】>【Fast Blur】命令，如图9-25所示。将【Blurriness】默认值“0”改为“10.0”，如图9-26所示。所得到的初步效果图，如图9-27所示。

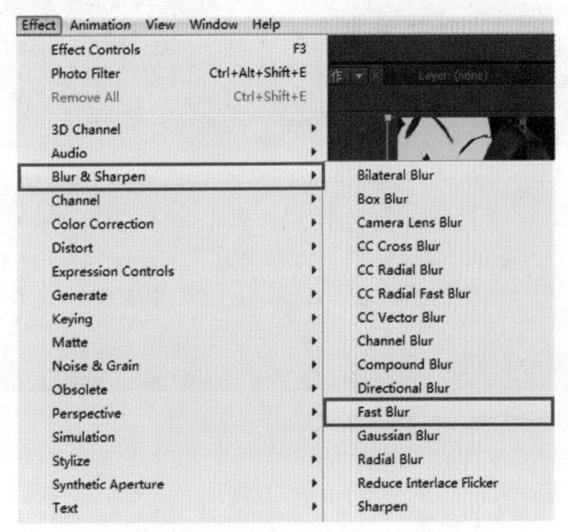


图9-25 选择【Fast Blur】滤镜

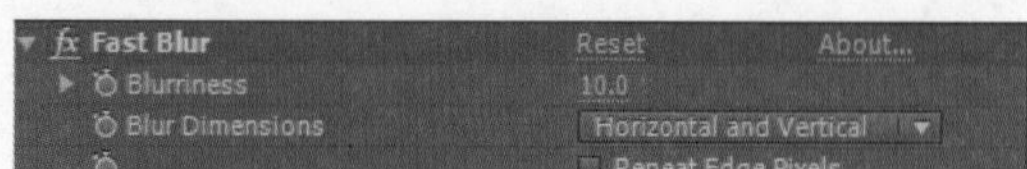


图9-26 【Fast Blur】属性

图9-27 初步效果图

16 选择【Effect】>【Color Correction】>【Hue/Saturation】命令，将【Master Saturation】的默认值“0”改为“35”，如图9-28所示。

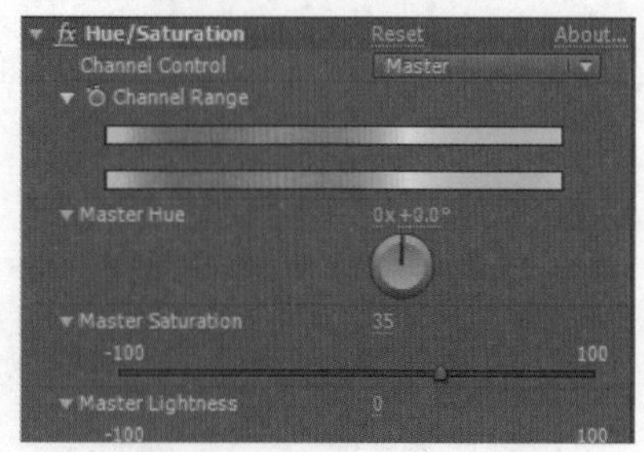


图9-28 【Hue/Saturation】属性

17 选择【Effect】>【Color Correction】>【Curves】命令进行校色，对【Curves】的曲线“RGB, Red, Green, Blue”分别进行调整，如图9-29所示。

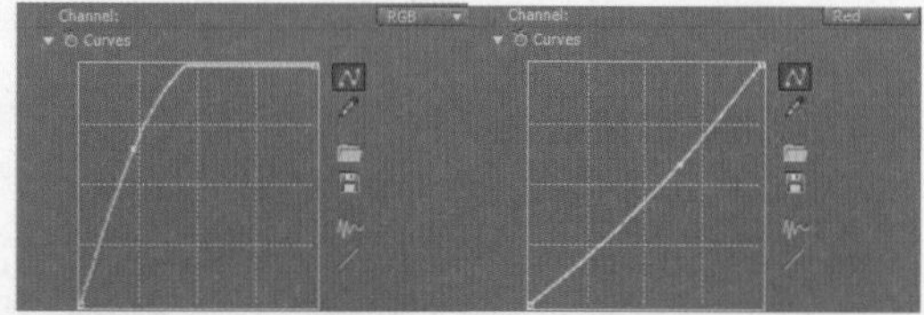


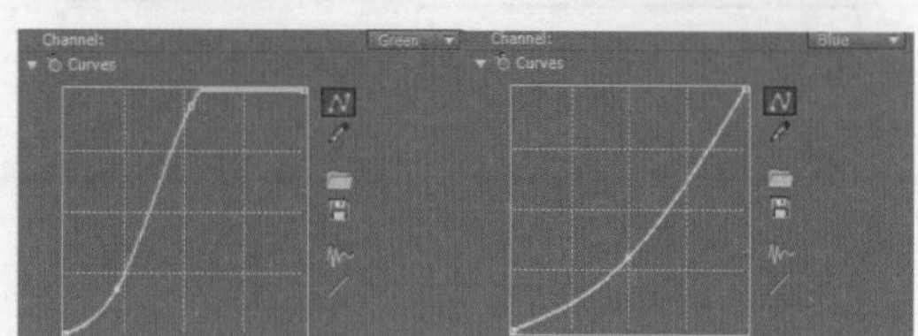


图9-29 【Curves】属性

18 选择【Effect】>【Stylize】>【Glow】命令，将【Glow Threshold】的默认值“60%”改成“85.9%”，将【Glow Radius】的默认值“10.0”改为“216.0”，如图9-30所示。

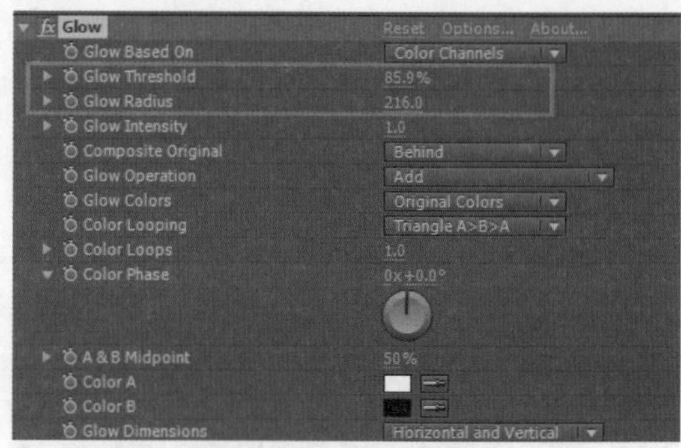


图9-30 【Glow】属性

19 在时间编辑区中把三维素材的叠加默认方式【Normal】改成【Add】，如图9-31所示。选中“huo”，按【Ctrl+D】组合键复制出一个三维素材huo，选择【Effect】>【Blur&Sharpen】>【Fast Blur】命令，把默认值“0”改成“181.0”，得到最终效果图，如图9-32所示。

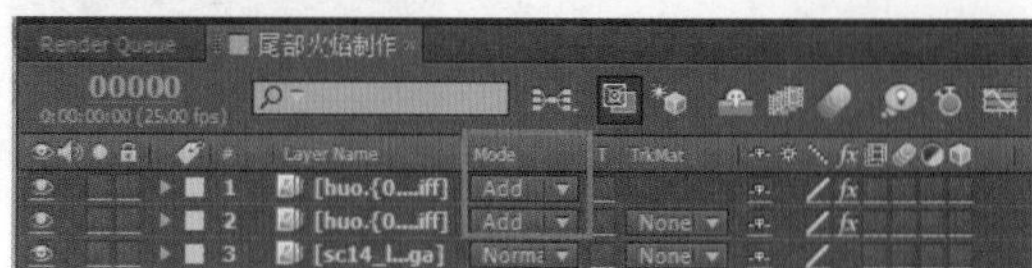


图9-31 改变叠加模式

图9-32 最终效果图

# 知识点拓展

## 01 粒子系统基本原理和组成

粒子系统是采用大量的、具有一定生命和属性的微小粒子图元作为基本元素来描述不规则的模糊物体。在粒子系统中，每一个粒子图元均具有各自的属性[a]，而一个粒子究竟有什么样的属性，主要取决于粒子系统用来模拟什么。粒子系统是动态变化的，粒子系统的所有属性都是时间t的函数，随着时间的推移，系统中不断有新的粒子加入，旧的粒子死亡，系统中“存活”粒子的位置及生命值亦随时间变化而变化。随着虚拟世界时间的流逝，每个粒子都要在虚拟世界经历“产生”、“活动”和“消亡”三个阶段。一般而言，粒子系统的绘制基本可按照以下步骤进行。

(1) 产生新的粒子加入系统中；

(2) 赋予每个粒子一定的属性；

(3) 删除超过生命值上限的粒子；

(4) 根据粒子属性的动态变化对粒子进行移动和变换；

(5) 绘制并显示由有生命的粒子组成的图形。

其中第(3)、(4)、(5)步循环形成了物体的动态变化过程。

通过前面的学习，我们知道粒子系统中每一颗粒子都具有自己的各种属性，因此每一颗粒子就是一个粒子对象，所以我们的粒子系统首先需要一个代表粒子的类Particle。由于我们每一种特效都需要很多粒子来实现，这些粒子的运动方式以及发射的频率都是我们能够控制的，所以我们还需要一个用于控制粒子特效的类Particle System。综上所述，粒子系统由粒子(Particle)和发射器(Particle System)组成。

**经验**

ⓐ粒子是具有一定属性的微小粒子，也就是说这些微小粒子的形状、大小、颜色、透明度、运动速度、运动方向和生命周期等属性来进行控制，可以是单个，也可以是多个。

## 02 理解三色原理

在中学的物理课上，我们可能做过棱镜的试验，白光通过棱镜后被分解成多种颜色逐渐过渡的色谱，颜色依次为红、橙、黄、绿、青、蓝、紫，这就是可见光谱[b]。同样绝大多数单色光也可以分解成红绿蓝三种色光。这是色度学的最基本原理，即三基色原理。三种基色是相互独立的，任何一种基色都不能由其他两种颜色合成。红绿蓝是三基色，这三种颜色合成的颜色范围最为广泛。红绿蓝三基色按照不同的比例相加合成混色，称为相加混色。

红色+绿色=黄色　　绿色+蓝色=青色

红色+蓝色=品红　　红色+绿色+蓝色=白色

黄色、青色、品红都是由两种基色相混合而成，所以它们又称相加二次色。另外：

**注意**

ⓑ其中人眼对红、绿、蓝最为敏感，人的眼睛就像一个三色接收器的体系，大多数的颜色可以通过红、绿、蓝三色按照不同的比例合成产生。

红色+青色=白色　　　　　　　蓝色+黄色=白色

绿色+品红=白色

所以青色、黄色、品红分别又是红色、蓝色、绿色的补色[c]。除了相加混色法之外还有相减混色法。在白光照射下，青色颜料吸收红色而反射青色，黄色颜料吸收蓝色而反射黄色，品红颜料吸收绿色而反射品红。也就是：

白色-红色=青色　　　　　　　白色-绿色=品红

白色-蓝色=黄色

另外，如果把青色和黄色两种颜料混合，在白光照射下，颜料吸收了红色和蓝色，而反射了绿色，颜料的混合表示如下：

颜料（黄色+青色）=白色-红色-蓝色=绿色

颜料（品红+青色）=白色-红色-绿色=蓝色

颜料（黄色+品红）=白色-绿色-蓝色=红色

以上的都是相减混色，相减混色就是吸收不同的三基色比例而形成不同的颜色。所以把青色、品红、黄色称为颜料三基色。颜料三基色的混色在绘画、印刷中得到广泛应用。在颜料三基色中，红绿蓝三色被称为相减二次色或颜料二次色。在相减二次色中有：

（青色+黄色+品红）=白色-红色-蓝色-绿色=黑色

用以上的相加混色三基色所表示的颜色模式称为RGB模式，而用相减混色三基色原理所表示的颜色模式称为CMYK模式，它们广泛运用于绘画和印刷领域。

RGB模式是绘图软件最常用的一种颜色模式，在这种模式下，处理图像比较方便，而且，RGB存储的图像比CMYK图像要小，可以节省内存和空间。

CMYK模式是一种颜料模式，所以它属于印刷模式，但本质上与RGB模式并没有区别，只是产生颜色的方式不同。RGB为相加混色模式，CMYK为相减混色模式。例如，显示器采用RGB模式，就是因为显示器是电子光束轰击荧光屏上的荧光材料发出亮光从而产生颜色。当没有光的时候为黑色，光线加到最大时为白色。而打印机，它的油墨不会自己发出光线。因此只能采用吸收特定光波而反射其他光的颜色，所以需要用减色法来解决。

HLS是Hue（色相[d]）、Luminance（亮度[e]）、Saturation（饱和度[f]）。另外还有一个概念，就是对比度。对比度是指不同颜色之间的差异。对比度越大，两种颜色之间的相差越大，反之，就越接近。如一幅灰度图像提高它的对比度会更加黑白分明，调到极限时，它会变成黑白图像，反之，我们可以得到一幅灰色的画布。

了解了颜色的原理，我们在图像处理时就不会茫然，并且对于颜色的调整也可以更快、更准确。

**经验**

ⓒ由于每个人的眼睛对于相同的单色的感受有所不同，所以，如果我们用相同强度的三基色混合时，假设得到白光的强度为100%，这时候人的主观感受是，绿光最亮，红光次之，蓝光最弱。

**经验**

ⓓ色相是颜色的一种属性，它实质上是色彩的基本颜色，即我们经常讲的红、橙、黄、绿、青、蓝、紫七种，每一种代表一种色相。色相的调整也就是改变它的颜色。

**经验**

ⓔ亮度就是各种颜色的图形原色的明暗度，亮度调整也就是明暗度的调整。亮度范围从0到255，共分为256个等级。

**经验**

ⓕ饱和度是指图像颜色的彩度。对于每一种颜色都有一种人为规定的标准颜色，饱和度就是用描述颜色与标准颜色之间的相近程度的物理量。调整饱和度就是调整图像的彩度。将一个图像的饱和度调为零时，图像则变成一个灰度图像，大家在电视机上可以试一试调整饱和度按钮。

# 独立实践任务（3课时）

## 任务二 篝火制作

### 任务背景

在《小龙阿布》动画片中，法师在篝火边释放魔法，以法师的魔法为参照物，制作篝火燃烧效果，让篝火和魔法形成鲜明对比。

### 任务要求

- 在木块上制作火焰，形成篝火的效果。
- 播出平台：多媒体。
- 制式：PAL制。

【技术要领】粒子形态制作，后期校色。

【解决问题】篝火制作。

【应用领域】影视后期。

【素材来源】光盘\模块09\素材\gouhuo.mb。

【效果展示】光盘\模块09\效果展示\篝火制作效果.mov。

### 任务分析

### 主要制作步骤

# 课后作业

1. 填空题

（1）【RGB】中的R代表_______，【HLS】中的H代表_______。

（2）在层【Mask】属性中的_______属性可以对图像动态Mask进行控制。

2. 单项选择题

（1）【Ambient Light】对场景起_______作用。

A. 对场景进行照明　　B. 对场景进行优化

C. 对场景进行渲染　　D. 对场景进行保存

（2）导入Adobe After Effects CS6中的素材，_______可以设置为带有Alpha通道的素材。

A. 按【Ctrl+Alt+G】组合键选择【Ignore】

B. 按【Ctrl+Alt+G】组合键选择【Ignore】勾选【Invert Alpha】

C. 按【Ctrl+Alt+G】组合键选择【Straight-Unmatted】

D. 按【Ctrl+Alt+G】组合键选择【Premultiplied-Matted With Color】

3. 多项选择题

（1）对于After Effects CS6中的组合键【Ctrl+D】，下列描述正确的是_______。

A. 对素材进行一次复制　　B. 对素材进行多次复制

C. 对素材进行放大　　D. 对素材进行缩小

（2）关于After Effects CS6中的【Curves】命令，下列描述正确的是_______。

A. 对素材的Red通道进行编辑　　B. 对素材的Blue通道进行编辑

C. 对素材的Green通道进行编辑　　D. 对素材的Alpha通道进行编辑

# 模块10

## LED屏幕合成综合练习——风云浙商

**能力目标**

掌握实景合成的原理及方法

**专业知识目标**

1. 掌握After Effects CS6中嵌套层的作用
2. 了解效果器Grid网格工具的使用方法
3. 掌握固定镜头的合成技巧

**软件知识目标**

1. Comp的使用原理
2. Grid效果器的使用技巧
3. Bezier Warp效果器的使用技巧

**课时安排**

6课时（讲课3课时，实践3课时）

## 任务参考效果图

# 模拟制作任务（3课时）

## 任务一 实景合成屏幕之《风云浙商》宣传片

### 任务背景

《风云浙商》是一部以“世界浙商大会”为主题的宣传片，承接风云浙商颁奖、企业领袖峰会、创业创新大赛等活动的精神和理念，通过拍摄“世界浙商大会”的筹备现场，结合历年浙商的一些活动记录素材，引出“时间、浙商大会、世界”2014年浙商大会的主题。

### 任务要求

根据影片脚本，需要在金球建筑上合成LED屏幕，要求匹配镜头的透视关系，使合成效果更逼真；去除画面多余元素，使画面更整洁、视觉效果更突出。

播出平台：电视台。

制式：PAL制。

### 任务分析

拍摄之初，了解了这则宣传片的定位之后，通过拍摄“世界浙商大会”的筹备现场，结合风云浙商历年的活动素材，引出这届世界浙商大会“时间、浙商大会、世界”的主题。

### 本案例重点、难点

【Grid】特效的使用。

【技术要领】【Pen Tool】、【Grid】和嵌套层的应用。

【解决问题】通过【Bezier Warp】效果器，结合【Pen Tool】工具对视频中的天空进行置换。

【应用领域】影视后期。

【素材来源】光盘\模块10\素材\风云浙商-LED屏幕合成.aep。

【效果展示】光盘\模块10\效果展示\风云浙商-LED屏幕合成.mov。

### 操作步骤详解

#### 新建工程文件并导入素材

01 启动After Effects CS6，关闭引导页对话框。选择【File】>【Import】>【File】命令，弹出【Import File】（导入素材）对话框，选择“光盘\模块10\素材\风云浙商-LED屏幕合成.aep”素材文件（工程包含4个视频文件和1个图片素材）。

02 按【Ctrl+N】组合键弹出【Composition Settings】对话框建立新的Composition，将【Composition Name】命名为“金球合屏幕”，设定【Width】为“1920px”、【Height】为“1080px”，设定【Pixel Aspect Ratio】为“Square Pixels”，【Duration】为“0:00:02:02”，如图10-1所示，单击【OK】按钮完成项目工程文件的设置，保存项目文件至硬盘。

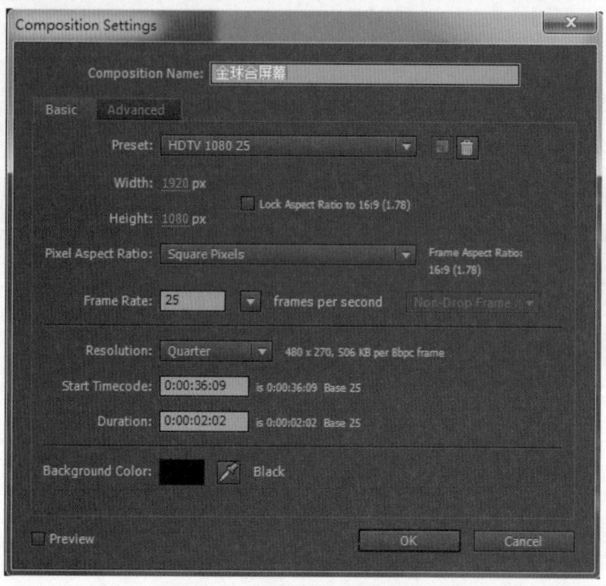


图10-1　设置项目工程文件

## 抠像与天空合成

03 按住鼠标左键，将素材区中的“金球合屏幕”视频素材拖曳入时间线编辑区左侧层级区，如图10-2所示。

图10-2　将“金球合屏幕”拖入时间线编辑区

04 单击工具栏中的【Pen Tool】工具（按快捷键【G】），框选出画面中的脚手架、天线和远处不美观的建筑，如图10-3所示。绘制完Mask后，展开【Masks】属性编辑栏，找到叠加模式按钮，单击【Add】弹出下拉菜单后，选择【Subtract】模式，如图10-4所示，效果如图10-5所示。

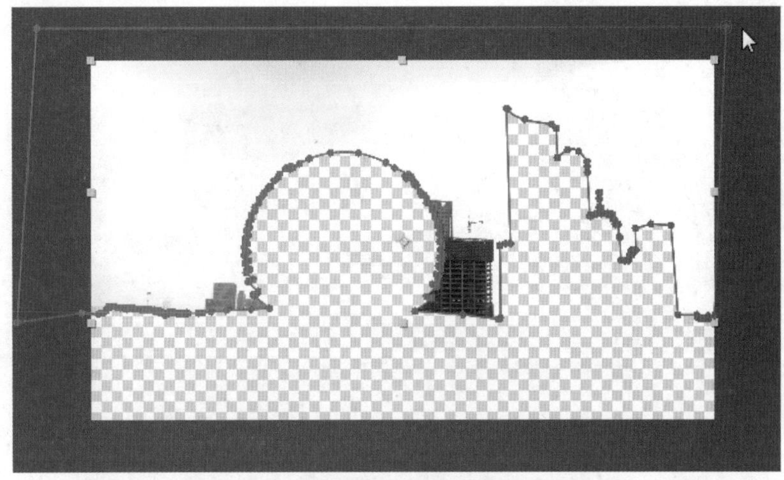

图10-3　利用Mask选中不需要的元素和天空

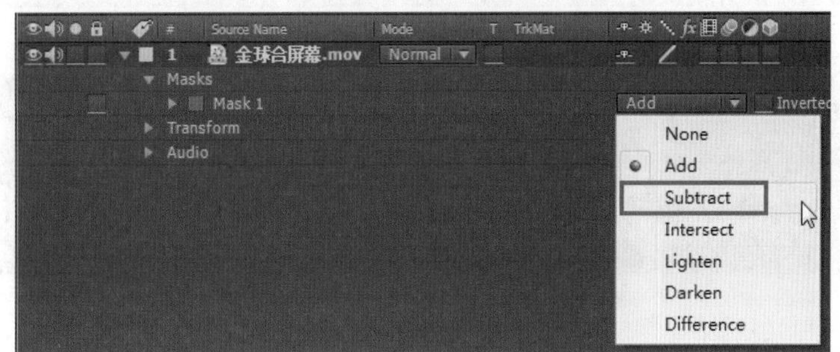


图10-4　将Mask叠加模式改为【Subtract】

图10-5　抠完Mask后的效果

05 选中素材窗口，单击并按住鼠标左键，将天空素材“A005_C030_0714U1_001.R3D”拖入时间线编辑区中的左侧层级区，作为背景层放在“金球合屏幕.mov”素材层的下面，调整位置如图10-6所示。单击素材“A005_C030_0714U1_001.R3D”，按快捷键【S】，将素材“A005_C030_0714U1_001.R3D”的【Scale】参数改为“47.0，47.0%”，如图10-7所示。

图10-6　将天空素材置入时间线编辑区

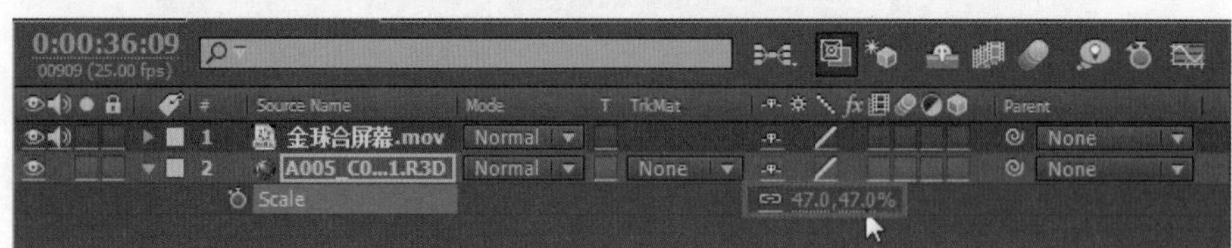
图10-7　修改【Scale】参数

06 选中“金球合屏幕.mov”素材层，按【Ctrl+D】组合键复制一层，单击第二层中的“金球合屏幕.mov”素材层，单击工具栏中的【Pen Tool】（钢笔工具），抠出“金球合屏幕.mov”中的右侧高楼。为使同一层内的2个Mask能更好地被区分，可单击“Mask 2”前的彩块，弹出【Mask Color】对话框，如图10-8所示。将“Mask 2”线框颜色改为黄色，单击【OK】按钮完成操作。绘制Mask后的效果如图10-9所示。

图10-8　【Mask Color】对话框

图10-9　抠完后的效果图

07 用鼠标左键按住第二层中的“金球合屏幕.mov”不放，将其拖曳至第一层，展开【Masks】属性编辑栏，单击“Mask 2”的叠加模式按钮，在弹出下拉菜单中选择【Intersect】（相交）选项，如图10-10所示。

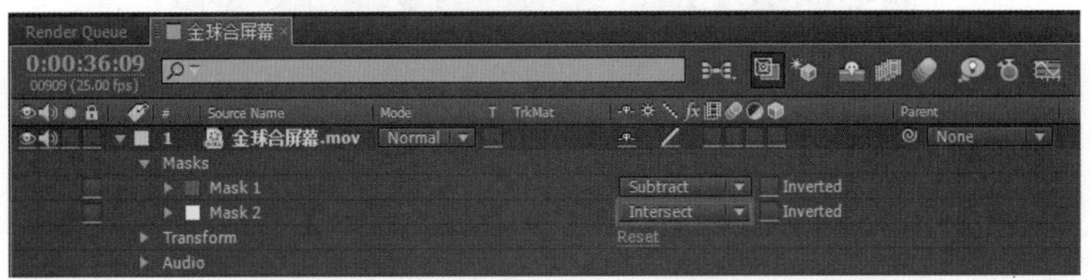


图10-10　修改“Mask 2”的叠加模式

08 继续设置“金球合屏幕.mov”层的属性参数，单击【Transform】属栏中【Scale】（大小）的关联按钮，取消关联，如图10-11所示。

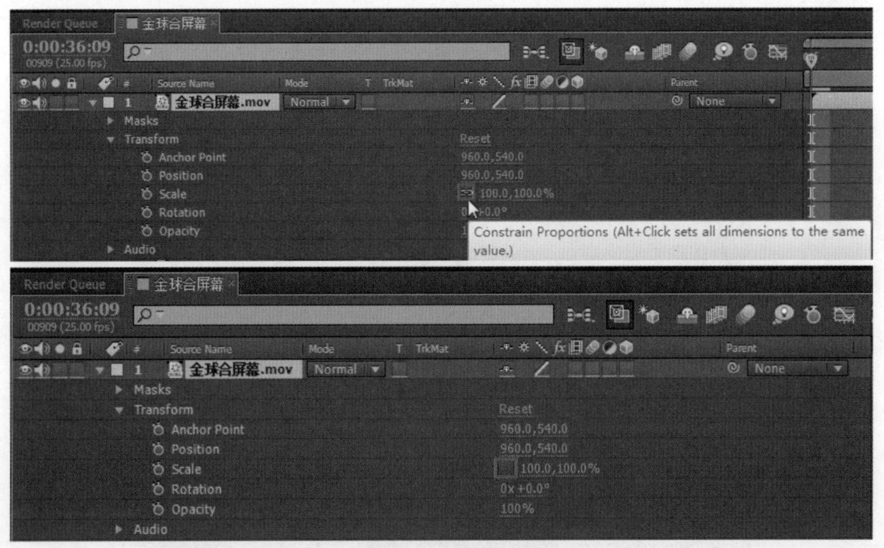


图10-11　取消关联

09 将【Scale】的参数调整为“164.0, 100.0%”，以控制楼层的长与宽，如图10-12所示。对楼房进行拉伸变形处理后，在视频区按住鼠标左键不放对其进行拖曳，将抠出来的楼房移到金球与楼群的空白处，释放鼠标，最后将“金球合屏幕.mov”层放置回第二层的位置。要多次重复调整，以达到适合效果，如图10-13所示。

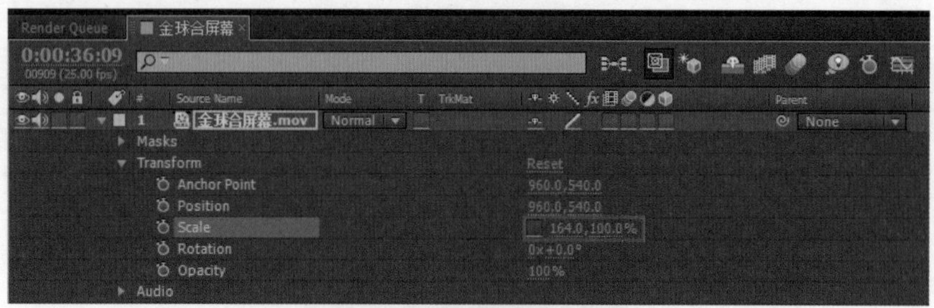


图10-12　调整素材宽幅长度

图10-13　初步合成画面效果

## 结合【Grid】工具合成LED屏幕

10 按【Ctrl+N】组合键，弹出【Composition Settings】对话框建立新的Composition，将【Composition Name】命名为“金球合.屏幕”，将【Preset】设置为“PAL D1/DV”，【Width】设置为“720px”、【Height】设置为“576px”，【Pixel Aspect Ratio】设置为“D1/DV PAL(1.09)”，【Duration】设置为“0:00:02:00”，如图10-14所示。

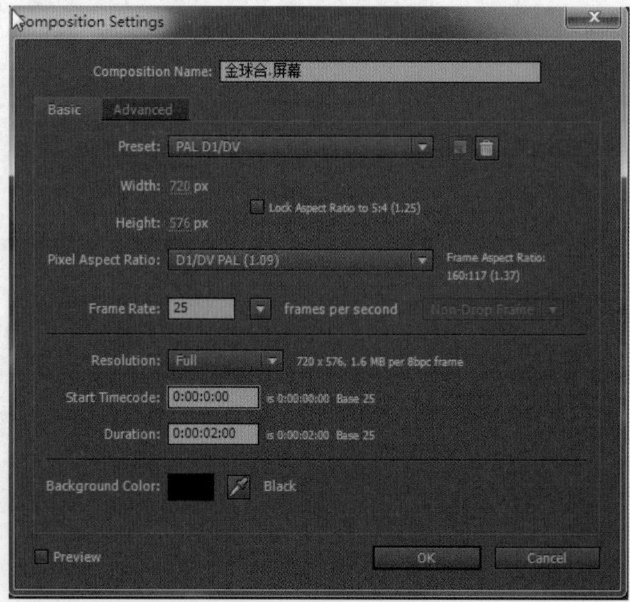


图10-14　设置项目工程文件

After Effects

Premiere

11 单击素材栏中的“金球合.屏幕.mov”视频素材，按住鼠标左键将其拖曳至时间线编辑区左侧层级区，如图10-15所示。按【Ctrl+Y】组合键新建一个“Black Solid1”层。单击“Black Solid1”层，选择【Effect】>【Generate】>【Grid】命令，如图10-16所示。

图10-15　将“金球合.屏幕.mov”素材拖入时间线编辑区

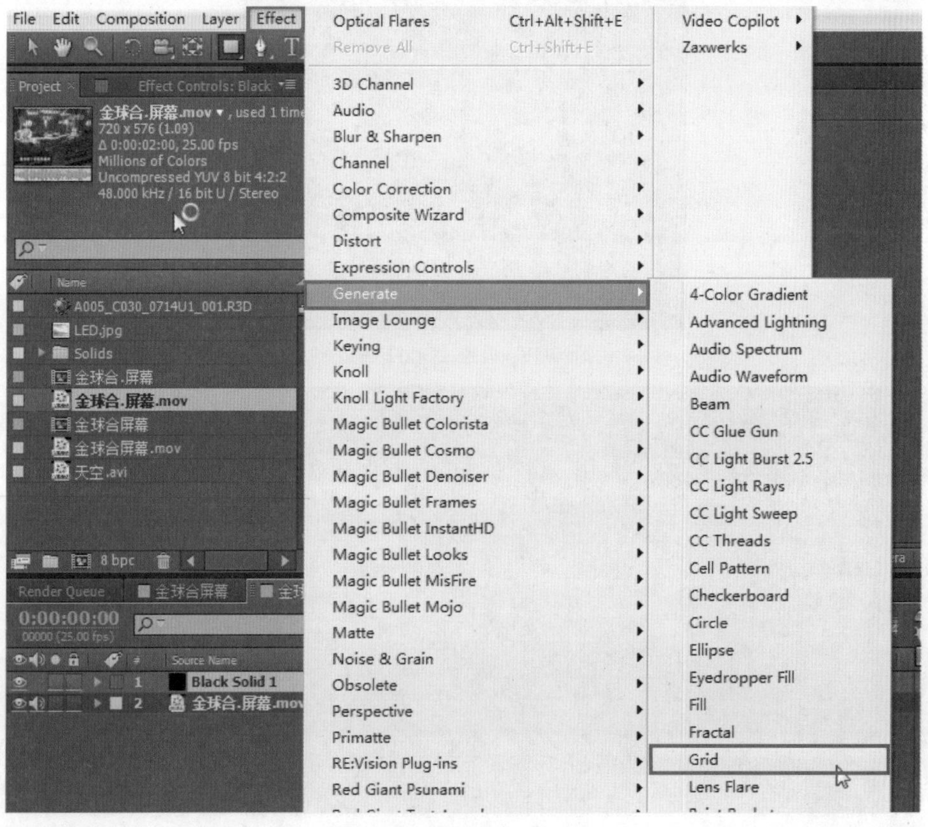


图10-16　选择【Grid】命令

12 添加【Grid】特效后，原先的“Black Solid1”会变成网格，如图10-17所示。在特效编辑区内将【Anchor】调整为“421.0，354.0”，【Corner】调整为“428.0，345.0”，勾选【Invert Grid】复选框，如图10-18所示，效果如图10-19所示。

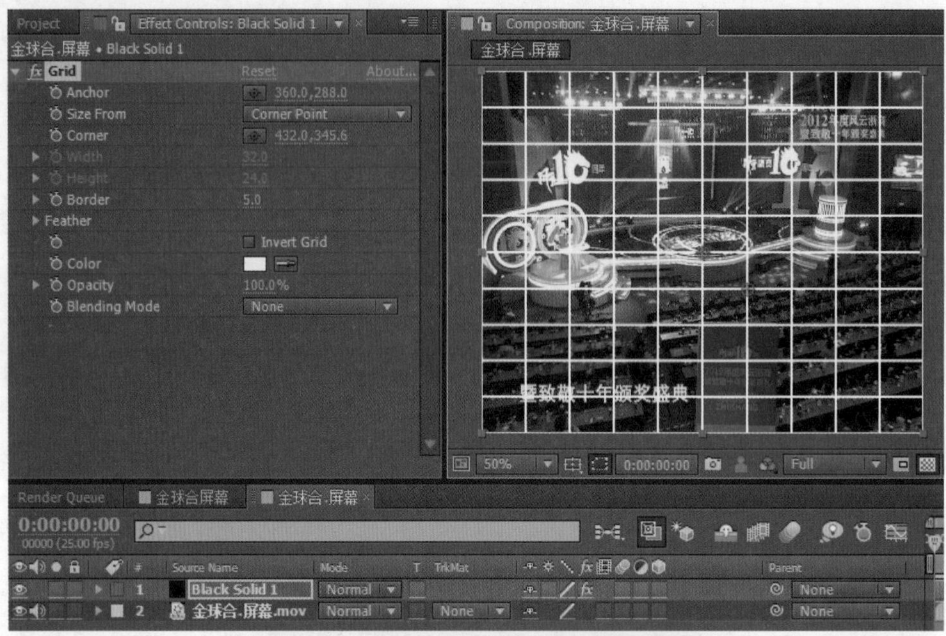

图10-17　在“Black Solid 1”层上加入【Grid】特效

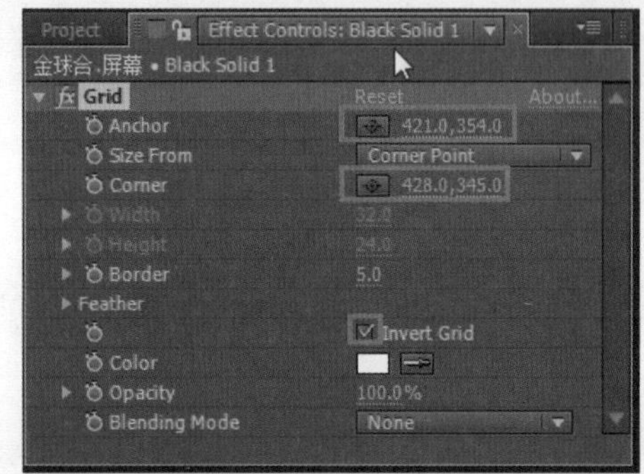

图10-18　调整【Grid】特效

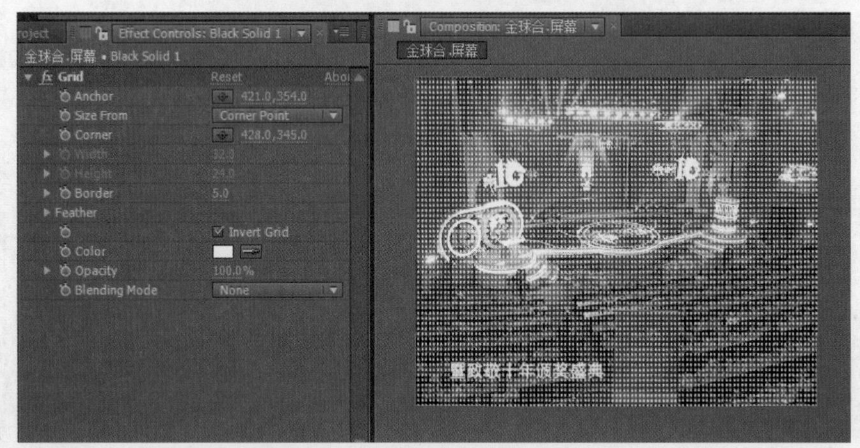

图10-19　【Grid】特效调整后的效果

13 选中“Black Solid 1”层，按快捷键【T】，展开“Black Solid 1”的属性参数，将【Opacity】改为“30%”，如图10-20所示，效果如图10-21所示。

图10-20 更改透明度

图10-21 更改透明度后的效果

14 找到时间线编辑区上方的嵌套层快捷栏，单击“金球合屏幕”，进入“金球合屏幕”的嵌套层。单击素材区窗口，找到“金球合.屏幕”，按住鼠标左键将其拖入时间线编辑区左侧层级区，如图10-22所示。按快捷键【T】，将“金球合.屏幕”的【Opacity】参数调整为“50%”，效果如图10-23所示。

图10-22 将“金球合.屏幕”拖入时间线编辑区

图10-23　调整【Opacity】参数

15 单击“金球合.屏幕”层，选择【Effect】>【Distort】>【Bezier Warp】命令，这时“金球合.屏幕”周围出现了12个可以拖动的点，如图10-24所示。按住鼠标左键均匀拖曳调整12个点，使“金球合.屏幕”合理地匹配金球，效果如图10-25所示。

图10-24　使用【Bezier Warp】效果器

16 将素材区中的“LED.jpg”素材拖入时间线编辑区左侧层级区，按快捷键【T】将“LED.jpg”属性编辑区内的【Opacity】改为“50%”，如图10-26所示。单击“LED.jpg”层，选择【Effect】>【Distort】>【Bezier Warp】命令，均匀调整“LED.jpg”素材层上的12个点，效果如图10-27所示。

17 选中“金球合.屏幕”层，按【Ctrl+Shift+C】组合键，在弹出的【Pre-Compose】对话框中选择【Move all attributes intothe new composition】复选框，单击【OK】按钮确认，建立嵌套层“Comp”。注意，如果不做嵌套，后面的步骤则会涉及双屏操作[02]，这样便会增加合成难度。

图10-25　“金球合.屏幕”合理匹配金球

图10-26　调整【Opacity】参数

图10-27　调整【Bezier Warp】特效后的效果

**18** 选中“LED.jpg”层，按【Shift+Ctrl+C】组合键，在弹出的【Pre-compose】对话框中，将【New composition name】命名为“LED.jpg Comp 1”，选择【Move all attributes into the new composition】复选框，单击【OK】按钮确认，建立嵌套层“LED.jpg Comp 1”，如图10-28所示。

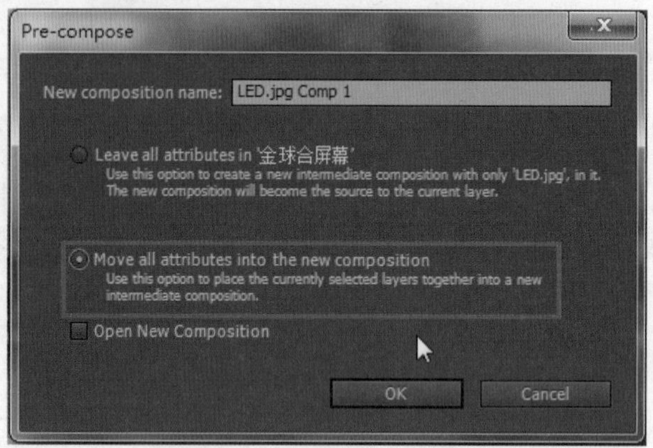


图10-28 【Pre-compose】对话框

在【Pre-compose】对话框中，【Leave all attributes in ‘金球合屏幕’】是将“LED.jpg”层做嵌套[03]，但不包括作用在层上的效果器；【Move all attributes into the new composition】是将层上所有的效果器一起打包，并建立新的嵌套层；【Open New Composition】是将新的嵌套层在工作区中打开，可选可不选。

**19** 用【Pen Tool】（钢笔工具）对新的嵌套层进行抠像，效果如图10-29所示。

图10-29 对新的嵌套层进行抠像

**20** 按【Ctrl+N】组合键，打开【Composition Settings】对话框，将【Composition Name】命名为“风云浙商字幕”，调整【Preset】为“Custom”，调整【Width】为“430px”、【Height】“38px”，调整【Pixel Aspect Ratio】为“Square Pixels”，【Duration】为“0:00:05:00”，如图10-30所示。

**21** 在工具栏单击【Horizontal Type Tool】按钮，如图10-31所示。在视窗内打入“《风云浙商》——浙江经视正在直播”字样。在视窗的右边找到【Character】窗口，单击展开字体选择栏，在弹出的下拉菜单中单击“创意简粗黑”字体，在参数栏中调整文字的大小和颜色，调整的数值如图10-32所示，在视窗中按住鼠标左键拖动文字以调整位置，效果如图10-33所示。

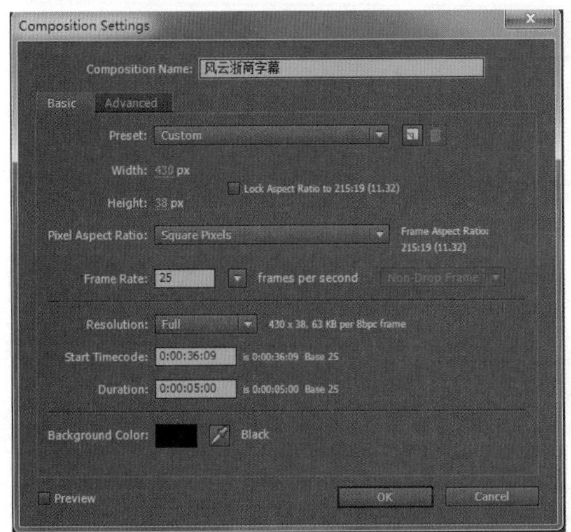

图10-30 【Composition Settings】对话框

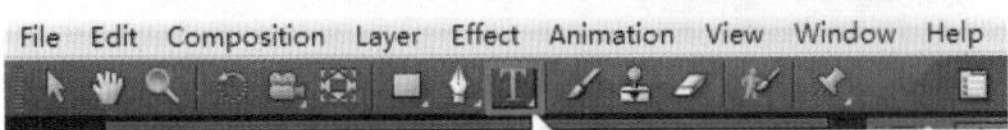

图10-31 单击【Horizontal Type Tool】按钮

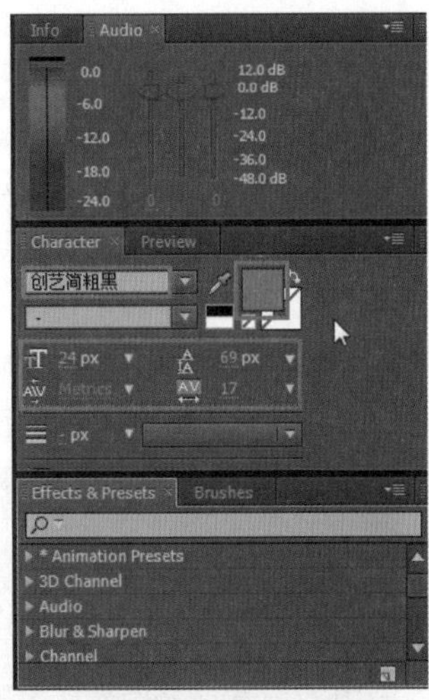

图10-32 调整文字

《风云浙商》——浙江经视正在直播

图10-33 调整字幕后的效果

22 将光标移至时间线编辑区的第0帧，单击“风云浙商字幕”层，按快捷键【P】，打开“风云浙商字幕”层属性栏中的【Position】选项，将X轴的数值调整为“218.0”，并将【Position】前的关键帧记录器激活，如图10-34所示。然后将时间线光标移至第0:00:04:24帧处，将【Position】选项X轴的数值调整为“-91”，如图10-35所示，效果如图10-36所示。

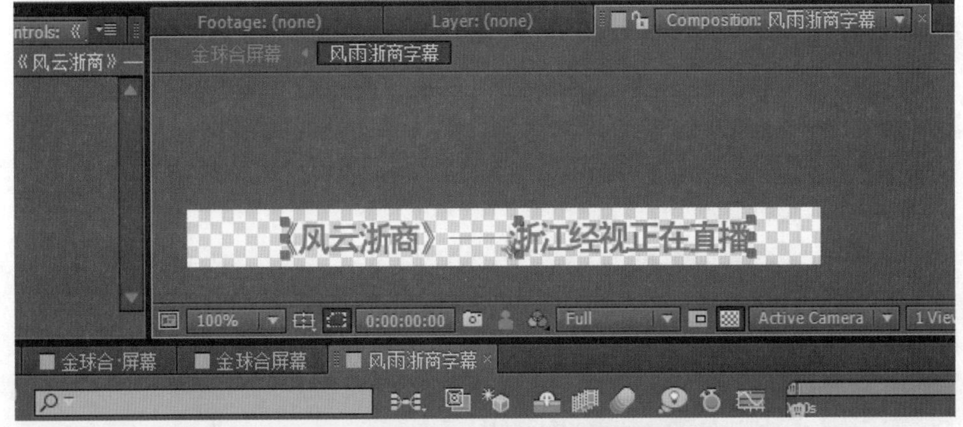

图10-34 激活【Position】的关键帧记录器

图10-35 调整X轴数值

图10-36　字幕调整后的效果

23 在时间线编辑区上方的嵌套层快捷栏选择“金球合屏幕”层，在素材区将“风云浙商字幕”层拖入“金球合屏幕”的嵌套层中，如图10-37所示。单击“风云浙商字幕”层的叠加模式按钮，弹出下拉菜单，将其改为【Add】，如图10-38所示，效果如图10-39所示。选择【Effect】>【Distort】>【Bezier Warp】命令，均匀调整这12个点，使字幕层合理地匹配金球，效果如图10-40所示。

图10-37　将“风云浙商字幕”层拖入“金球合屏幕”嵌套层

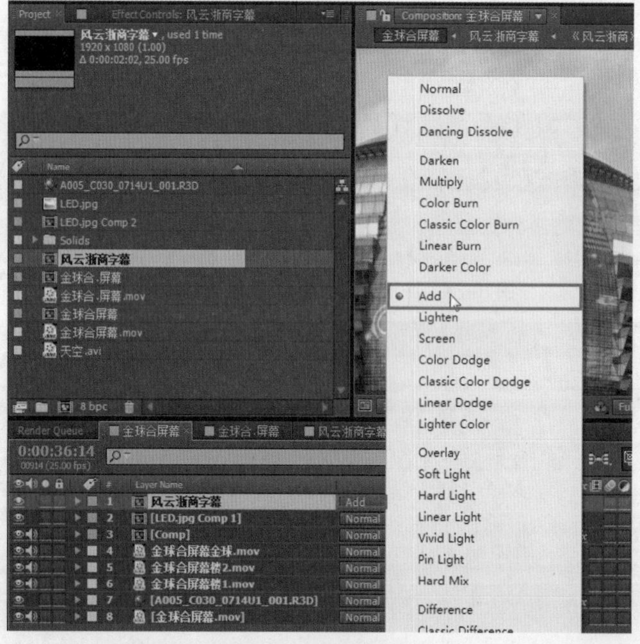

图10-38　更改叠加模式

图10-39 修改叠加模式后的效果

图10-40 使用【Bezier Warp】命令对字幕进行扭曲变形

24 由图10-40可以看出字幕层出界了，单击“风云浙商字幕”层，按【Shift+Ctrl+C】组合键，单击第二个【Move all attributes into the new composition】选项，如图10-41所示，单击【OK】按钮确定。单击窗口工具栏中的【Pen Tool】工具，依次单击鼠标左键框选出需要留下的部分，如图10-42所示。这样实景合成LED屏幕就完成了，最终效果如图10-43和图10-44所示。

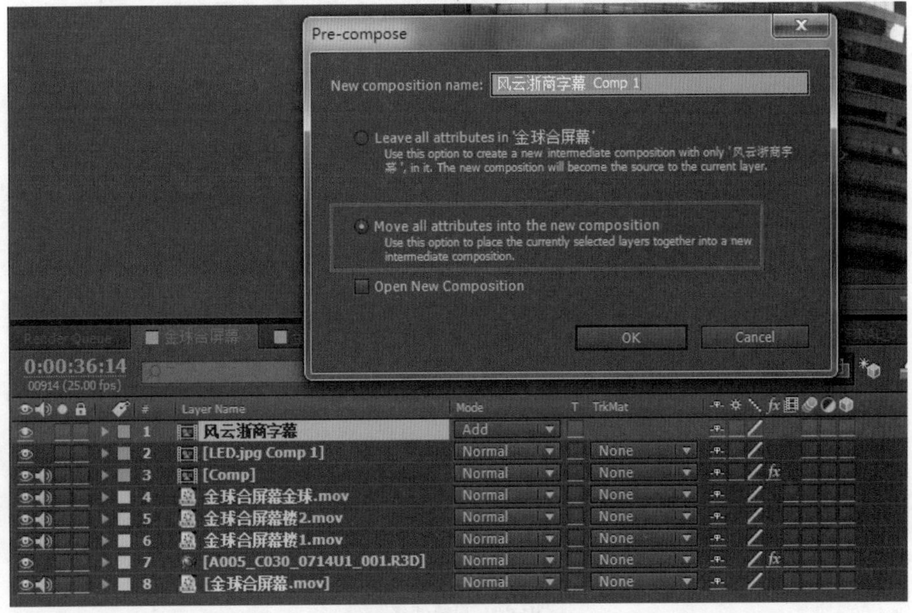


图10-41 对字幕层做嵌套

图10-42　抠除出界部分

图10-43　最终效果图1

图10-44　最终效果图2

# 知识点拓展

## 01 【Pen Tool】工具的使用技巧

当初次使用【Pen Tool】工具时，了解快捷键对使用此工具的影响和帮助是很必要的。当使用【Pen Tool】工具绘制Mask时，按住鼠标左键不放并拖动，会自动出现两条可调节的“手臂”，如图10-45所示。这两条手臂分别控制前段线条的弯曲度和后段线条的弯曲度。在拖动其中一条“手臂”的时候，两条“手臂”会始终保持在一条直线上。而按住【Alt】键[a]，并拖动“手臂”便可以单独调整一侧的“手臂”而不影响对应的另一边。

图10-45　两条可调节的“手臂”

当不需要手臂的时候，只需要在【Pen Tool】状态下按住【Alt】键，单击两个手臂的中间点，就可以取消。同理，再次单击这个点，两只新“手臂”会自动生成。因此用【Pen Tool】工具[b]抠像并没那么难，它的可控性反而比一般的抠像软件更强。

> **注意**
>
> ⓐ当对单侧“手臂”进行调整后，就无法再次对一个点左右两侧的手臂同时进行调整了，这个时候可以按住【Alt】键，双击需要调整的点，将两条“手臂”还原成一条直线。

> **注意**
>
> ⓑ当【Pen Tool】工具使用一半而无法再继续时，可以单击选择工具，按快捷键【V】，选中需要继续下去的那个钢笔点，然后用【Pen Tool】工具从这个点开始继续画下去。

## 02 双窗口操作介绍

在实际操作中，常常需要在一个子Comp中调整参数，以匹配主合成Comp的画面，首先打开监视窗口上面的主层级栏，单击边上的小三角，然后选中【New Comp Viewer】选项，如图10-46所示，效果如图10-47所示。

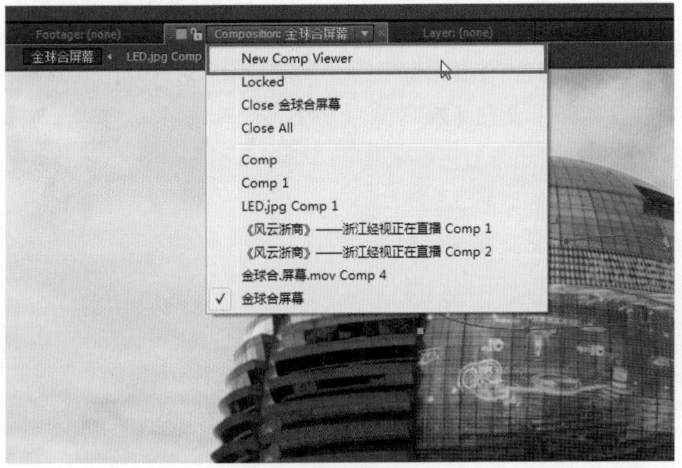


图10-46　新建监视窗口

图10-47　双窗口效果

两个视窗[c]左上角分别有一个锁形图标可将视图锁定，如图10-48所示。在制作的过程中将主合成窗口锁定，然后进入嵌套层[d]的内部进行修改，这样就能在子Comp修改参数，并能在主合成Comp中实时查看效果了。

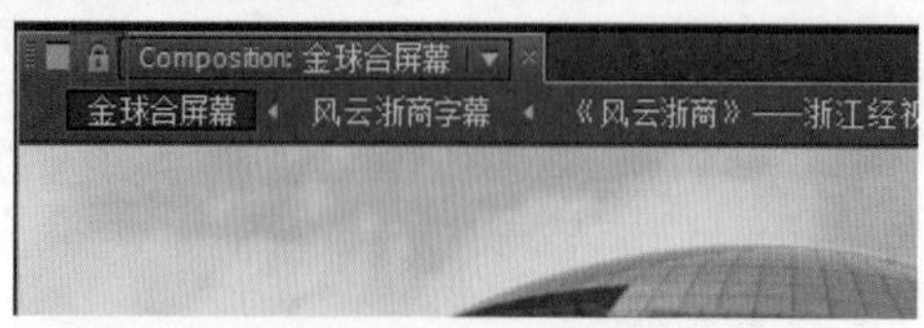


图10-48　锁形图标

图10-49　层级的快速选择

## 03 嵌套层的概念与应用

嵌套层主要是为了将复杂的层级整合、规整，并使它们成为可以被统一调整的层级。在一个简单层中加入各种效果器之后，再对它进行放大、缩小等画面调整时会出现错误，如中心位置不统一导致缩放后的画面发生错位。本章案例的问题则是做完【Bezier Warp】扭曲变形效果之后，使用【Pen Tool】工具无法在做过扭曲的层上抠出准确的位置，如图10-50所示，这个时候就要用到嵌套层[e]。利用嵌套层将所选的效果器和层级打包，使其成为一个新的无任何效果器参与的层级，这样就可以不再受扭曲效果器的影响，继而准确使用【Pen Tool】工具。

在软件的使用过程中经常会对Comp进行复制，在时间线上复制Comp和在【Project】窗口中复制Comp是有所区别的。在时间线上可以复制完全相同的Comp（嵌套层），但是当进入复制好的嵌

**注意**

ⓒ界面虽然有两个窗口，但是预览的时候只会出现一个实时预览的窗口。

**技巧**

ⓓ如图10-49所示，锁形图标的下面有嵌套层选择栏，前后顺序代表着嵌套层的包含顺序，通过单击鼠标左键可进入嵌套层。如果要返回上一层或者进入下一层，也可以通过按【Shift】键来实现。

**注意**

ⓔ在After Effects中，很多效果器必须且只能作用在嵌套层上，例如【Displacement Map】（置换贴图）和部分粒子效果器。

套层中去修改参数时，会发现原始的嵌套层也会发生改变。为了避免这种情况，可以在【Project】窗口中复制Comp，复制的快捷键同样为【Ctrl+D】。

图10-50　被Mask选出的部分与Mask位置不一致

# 独立实践任务（3课时）

## 任务二　公交电视屏幕合成练习

### 任务背景

《风云浙商》是一部以“世界浙商大会”为主题的宣传片，承接风云浙商颁奖、企业领袖峰会、创业创新大赛等活动的精神和理念，通过“世界浙商大会”的多角度和多场景的展现，来体现人们对大会的关注度，同时可以侧面体现出“世界浙商大会”的影响力。

### 任务要求

根据影片脚本，需要将公交电视的屏幕替换，要求匹配镜头的透视关系，合成效果逼真；需要抠除人手部分多余的遮挡，使画面更整洁，视觉效果更突出。

播出平台：电视台。

制式：PAL制。

### 任务参考效果图

【技术要领】运用【Pen Tool】工具逐帧抠像，合理添加反光。

【解决问题】了解Mask的使用技巧，掌握【Bezier Warp】工具的作用。

【应用领域】影视后期。

【素材来源】光盘\模块10\素材\合成屏幕练习。

【效果展示】光盘\模块10\效果展示\合成屏幕练习.mov。

## 任务分析

## 主要制作步骤

# 课后作业

1. 填空题

（1）复制层的快捷键是_______和_______。

（2）按住_______键可单独调整【Pen Tool】工具，绘制出一个“手臂”。

2. 单项选择题

（1）单击_______可分别调整【Scale】的两个参数信息。

A.【Scale】前的闹钟图标　　B.【Scale】数值前的锁图标

C.【Scale】　　D. 按快捷键【K】

（2）使用【Bezier Warp】效果器后，会出现_______个可以调控的点。

A. 4　　B. 8　　C. 12　　D. 16

3. 多项选择题

（1）以下选项属于嵌套层作用的有_______。

A. 可以将复杂的层级归为一个层

B. 可以通过嵌套层统一调节嵌套层中的属性

C. 可以通过嵌套层统一添加效果器

D. 没什么作用

E. 如果在添加了效果器的视频上做嵌套层，效果器只能被打包至嵌套层内

F. 嵌套层可以合并视频，但是无法单独查看其中的各个层

（2）在合成屏幕的时候往往觉得合成的效果很假，为了增加真实感，可以_______。

A. 为合成的屏幕额外合成一个假反光

B. 降低合成视频的透明度

C. 根据屏幕原有的材质，对合成的屏幕添加材质

D. 降低合成屏幕的饱和度

E. 为了还原视频真实性，直接将视频贴上去不做任何效果

F. 调整屏幕颜色倾向

4. 简答题

简述【Bezier Warp】效果器中调节“手臂”长短的作用。